PREFACE 前言

良好的形象不仅能提升产品价值，还能提高人本身的价值。从价值提升层面上来说，“形象设计”是“塑造良好个人形象” 的捷径。形象设计本身的核心任务就是“塑造好形象”。要塑造良好的形象，必须从当今的流行趋势中筛选出适合自己的元素，并把它们融入个体中，形成自己的个性特征，并实现塑造好形象的目标。

显然，形象设计与当今的潮流息息相关。人们关注的不仅仅是一张脸，而是从发型、造型、服饰到社交礼仪、气质风度的整体性修饰，讲究内在的气质、性格和外部形象的和谐统一。人们希望通过外表的美化更充分地展示自己的个性，创造一个属于自己的、有特色的个人整体形象。

人物形象设计在我国发展时间不长。作为一门独立专业，其完整体系尚未建立，有关著作也是凤毛麟角。为创立完整的人物形象教学体系，本教材进行了尝试和努力，以期抛砖引玉。

本教材由多名人物形象设计领域里的权威专家参与撰写，共分为十一章，不仅从色彩、造型、服饰、发型，还从仪表、个性气质和修养等方面，全面、深入浅出地阐述了人物形象设计的理论、技巧和专业理念：

第一章 人物形象设计概述介绍了人物形象设计的概念、社会作用和构成要素等内容，让读者了解人物形象塑造的重要性。

第二章 人物形象设计中的色彩引导大家认识色彩。以色彩的基本知识和特性为基础介绍了选用色彩和色调时的技巧。

第三章 灵感在人物形象设计中的应用。介绍了如何从日常生活中提取设计灵感，运用我们灵光乍现的想法来进行有规则、有步骤的设计，并形成自己独有的设计风格。

第四章 人物形象设计基本构成——头部造型。形象是人的精神面貌、性格特征等的具体表现，本章重点介绍了皮肤、造型、发型等头部的造型方法，让大家能够更好地根据自身的面部特点、社会角色和场合，扬长避短地进行头部的形象美化。

第五章 人物形象设计基本构成——形体形象。俗语说得好：“坐有坐相，站有站相，走有走相。”高雅的姿态能给人以美感，从而增加人物的形体美。

第六章 服饰形象设计。本章介绍了服饰搭配技巧，重点阐述了服装系列的种类和特点、时尚配饰的灵活利用方法等，以便读者在选择服饰和逛街购物时更有针对性和更有效率。

第七章 服装搭配。服装搭配是指将两种或两种以上的服装进行组合。它不仅是一种服装的简单组合，而且是将人的生活方式、社会环境等诸多因素结合起来，同时也含有塑造整体的含义。本章介绍了几种较为容易掌握的依据服饰单件类型进行搭配的方法。

第八章 服饰风格分类。风格是个性的体现，服装塑造出的风格在人物形象中占据着很重要的地位。它将根据一个人与生俱来的体“型”特征进行科学的分析，能帮助每个人总结出自身的服饰风格规律和服饰间搭配规律，使每个人充分挖掘自我形象的潜力，最大限度地发挥个人魅力。因此，它也是形象设计中的重头戏。

第九章 汉服。汉服元素在当今人物造型设计中可谓随处可见。在我们发扬传统服饰文化的同时，我们也可将传统汉服中的特色元素提取出来对服装或人物造型进行设计与改造。小到一个配饰，大到整体服装造型，都可以从人物造型设计中体现出来。

第十章 表情管理和礼仪。本章重点阐述了表情管理的重要性和各种场合下的礼节。受欢迎的表情和礼节是人际关系中的重要因素，也是人物形象塑造中至关重要的一步。

第十一章 TPO 形象管理。现代社会中，人们在生活中的角色逐渐多元化，需要应对多种多样的场合，这就要求我们在着装上也应该具有应变的能力，根据不同的时间、地点及场合，遵循约定俗成的着装礼仪，尊重他人也尊重自己，从而给人留下美好的印象。本章选择了几个人们经常会接触到的场合，进行着装规范和形象管理的介绍。

各个章节里，根据内容需要，附有大量的图片，图文并茂，便于大家轻松地理解本书所介绍的专业知识。每章的结尾部分附有精心设计的练习题、思考题，引导大家实践该章节所教授的内容，切实帮助读者逐步改变自我形象。

普 通 高 等 学 校 服 装 与 服 饰 系 列 教 材

RENWU XINGXIANG SHEJI

人物形象设计

石 苇 韦欢芸 蒋寅曦 主编

西南大学出版社
SWUPG
国家一级出版社 全国百佳图书出版单位

图书在版编目（CIP）数据

人物形象设计 / 石苇，韦欢芸，蒋寅曦主编．— 重庆：西南大学出版社，2022.3（2025.7 重印）.
ISBN 978-7-5697-0803-5

Ⅰ．①人… Ⅱ．①石… ②韦… ③蒋… Ⅲ．①人物形象—设计 Ⅳ．① B834.3

中国版本图书馆 CIP 数据核字 (2022) 第 029093 号

人物形象设计

RENWU XINGXIANG SHEJI

石　苇　韦欢芸　蒋寅曦　主编

选题策划：袁　理
责任编辑：袁　理
责任校对：张　丽
装帧设计：殳十堂_未　氓
出版发行：西南大学出版社（原西南师范大学出版社）
网上书店：https：//xnsfdxcbs.tmall.com
印　　刷：重庆长虹印务有限公司
成品尺寸：210 mm × 285 mm
印　　张：9
字　　数：244 千字
版　　次：2022 年 3 月第 1 版
印　　次：2025 年 7 月第 4 次印刷
书　　号：ISBN 978-7-5697-0803-5
定　　价：68.00 元

本书如有印装质量问题，请与我社市场营销部联系更换。
市场营销部电话：（023）68868624　68253705

西南大学出版社美术分社欢迎赐稿。
美术分社电话：（023）68254657

目 录

CONTENTS

1 第一章 人物形象设计概述

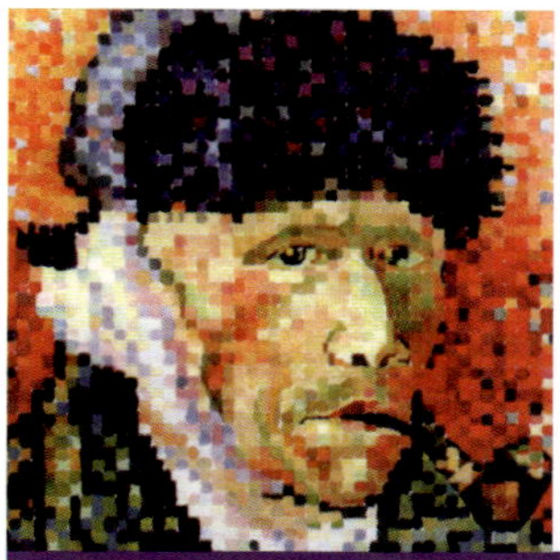

2 第二章 人物形象设计中的色彩

3

第三章

灵感在人物形象设计中的应用

4

第四章

人物形象设计基本构成

——头部造型

第五章

人物形象设计基本构成——形体形象

第六章

服饰形象设计

7

第七章 服装搭配

8

第八章 服饰风格分类

9 第九章 汉服

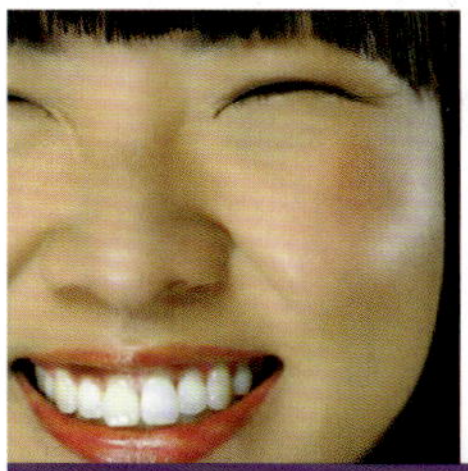

10 第十章 表情管理和礼仪

11 第十一章 TPO 形象管理

第一章

人物形象设计概述

第一节　什么是人物形象设计

什么是人物形象？形象即社会公众对个体的整体印象和评价。形象是人的内在素质和外形表现的综合反映。严格地说，它是一个综合性的概念，外表内在缺一不可。

人物形象设计的要素主要有发型与妆容、服装设计与搭配等。

我们这里所说的人物形象设计，有别于舞台艺术人物形象或者街市上的古怪一族。这里的人物形象设计，是一个完整的、讲究外在与内蕴有机组合的设计，是追求培养成功的、超越众人的、高品位的人物形象设计。

第二节　人物形象设计的意义与目的

一、给人留下好的第一印象

我们在生活的各种场合中，与人接触的第一印象往往十分重要。什么是第一印象？简单地说，就是第一次接触时一个人从言谈举止到穿着打扮给人的一个印象，在无交流的情况下，人们往往更多地会通过一个人的着装打扮去给人下定义。一个较成功的人物形象设计，可以把该人物优秀的品质等特点在短时间内通过一个简单的搭配或者打扮表现出来。

因此，我们毕生需要追求的人物形象设计，就是可以让人的外表与内在同步进行，相得益彰。

二、可以传递与众不同的个性信息

随着人类社会的发展，人类对于着装或打扮的需求与目的早已不仅仅是为了遮羞或者保护自己，更多的人会通过设计个人人物形象去展现其与众不同的个性。

个性是每个人所特有的，与之匹配的还有个人气质。一个成功的人物形象设计往往离不开其个性与气质的结合，从而给人留下深刻的印象。

在人物形象设计中，我们往往最看中服装的设计与搭配。仅从服装的设计与搭配，就能传递出其个人的诸多信息，如年龄段、社会地位、职业信息、兴趣爱好、生活方式等，甚至能看出其人生观和价值观。举一个典型的例子，比如职业运动员，他们总是穿着运动装，所透露出的职业信息是非常明显的（图 1-1 至图 1-6）。

图 1-1 服装设计师 Rick Owens 和妻子

图 1-2 法国艺术家 Louise Bourgeois

图 1-3 服装设计师 Giorgio Armani

图 1-4 网球运动员 莎拉波娃

图 1-5 国学前辈

图 1-6 汉服爱好者

三、可以增强自信，有助于事业的发展

从某种意义上说，一个普通人的自信心来自于恰当的设计。在言谈举止上的一点点小的设计，往往会让其对自己信心倍增，有助于提升其生活质量（幸福指数增加等）和促进事业的发展。反之，一个生活邋遢、没有自信的人往往不会太多地注意个人形象。

四、使人出其不意的成功而获益

在娱乐业发达的今天，一个成功的人物形象设计往往会让一个曾经不知名的人一炮而红。娱乐圈的明星穿着打扮、举手投足是十分讲究的，自然是经过精心设计的。比如红遍全球的 Lady Gaga（图 1-7、图 1-8），曾经的 Lady Gaga 虽然颇有才华，但是始终不为人知，直到她被造型师打造出了让人耳目一新的新奇造型，并与音乐匹配，极具个性化，从而红遍全球。还有意大利知名的时尚博主 Chiara Ferragni（图 1-9、图 1-10），曾经的她也只是一个普通的大学生，如今她完美地利用了自己甜美的相貌，对自己的穿搭进行了不断设计与提升，利用穿搭与妆容来与自己的气质结合，从而成为意大利年轻人的时尚风向标。

所以，人物形象设计是通过对其主体原有的不完美形象进行改造或者重新构建，来达到有利于主体的目的。虽然这种改造或重建工作可以在较短时间内完成，但客观环境对于主体新形象的确认往往有一个较长的过程，并非一朝一夕能达到的。真正的人物形象设计的目的是用优质的外表去展现个人的完美内涵，因此更需要深入了解人类

图 1–7

图 1–8

图 1–9

图 1–10

群体共性中的个性化元素。但凡杰出的名人或是庞大的经济体，都具有个性化的形象设计，都源于精心的形象设计。

第三节 构成人物形象设计的要素

一、个性要素

在进行全方位的包装设计时，需要考虑的一个重要因素，即个性要素。一个人的言谈举止等方面都会透露出其个性，一味地追求穿着时髦、穿金戴银只会让人觉得盲目跟风、毫无特点。只有当形与神结合达到和谐的时候，才能创造出一个自然得体的新形象。

二、心理要素

人的个性是由先天的遗传和后天的塑造共同形成的，而心理要素大多数取决于后天的培养和完善。高尚的品质、健康的心理、充分的自信，再匹配与之相符的服饰，是人们迈向成功的第一步。

三、服饰与设计要素

服装造型在人物形象设计中占据着最大的视觉空间，因此也是形象设计中的重头戏。除了选择服装款式、配饰、颜色的搭配与服装设计的面料等外，还要充分考虑视觉、触觉与人产生的心理和生理反应。把这些与个性要素和心理要素相结合，往往会使人扬长避短，给人留下深刻印象。

人类属于群居动物，所以在社交中，谈吐、举止与外在形象同等重要。良好的外在形象是建立在自身的文化修养基础之上的。而个性和心理要素则需要靠文化修养来调节。具备了一定的文化修养，才能使自身形象更加完善。

在人物形象设计中，如果将服饰等要素比作硬件的话，则文化修养及心理和个性要素就是软件。只有二者合一，才能达到人物形象设计的最佳效果。

图 1-11 至图 1-20 是 Gucci 2020 Epilogue 系列作品。

图 1-11

图 1-12

图 1-13

图 1-14

图 1-15

图 1-16

图 1–17

图 1–18

图 1–19

图 1–20

第二章
人物形象设计中的色彩

心理学家赤瑞特拉（Treicher）通过大量的实验证实，人类获取的信息83%来自于视觉。而色彩作为一种重要的视觉语言，其信息传递最迅速，视觉感受冲击最强烈，在人物形象设计中扮演着重要的角色，因此对色彩的研究就显得格外重要。

第一节　认识色彩

一、光源色

物体的色彩通过光的反射而呈现，没有光的照射，我们便不能感知色彩的存在。认识色彩，需要简单地了解光、光源色及光源对物体颜色的影响。

与我们生活密切相关的光源有自然光源（日光）和人工光源（各种灯光、火光等）两类。不同的光源呈现不一样的光源色。如常态下的日光是白色（无色）的，荧光灯的灯光偏蓝，火光偏红。现代光学认为，光是一种以电磁波的形式存在的辐射能。通常意义的光是指可见光部分，是电磁波谱中的一小部分，波长范围为400~700纳米。在自然界中所呈现出的各种色彩，大都是由不同波长和强度的光波混合在一起而显示出来的，不同的波长呈现不同的色光。日光透过三棱镜的折射，被分解为不同波长的包括红、橙、黄、绿、青、蓝、紫等色的色光，构成包括各色光的光谱（图2–1）。

图2–1 虹与光谱

色光的亮度取决于光波的强度（光波的振幅大小）。强度大的振幅大，则亮度高；强度小的振幅小，则亮度低。

（一）色光的三属性

我们可以从色相、明度、纯度三方面来认识光源色的基本性质。

色相，即各光源色的样貌，如红色、绿色、蓝色等。色相是区别不同光源色最准确的标准。或者说，色相是可见光谱中不同波长的电磁波在视觉上特有的标志。

明度，即某光源色在视觉上引起的明暗程度。混合色光的明度等于各原色光的明度和，因此，参与混合的色光越多，色光的明度越高。

纯度，表示光的色彩深浅度或鲜艳度。纯度取决于色光中的白光含量，白光含量越高，色光的纯度就越低。白光的纯度为0。光谱中从红光到蓝光，其中单波长的色光非常鲜艳，称为纯色，纯色光的纯度为100%。

（二）色光中的黑与白

色光中所谓的白色是由多种色光混合而成的白光。即光照强度高，其明度就高，白光明度为100；光照强度低，其明度就低，没有光源就呈黑色，其明度为0。因此，色光中的黑与白，只是“明度”的变化。

（三）色光三原色

光谱中的红、绿、蓝三原色，按不同比例可以混合出多种色相的色光，而其他色光不能混合成或红、或绿、或蓝的色光。因此，我们将光谱中的红、绿、蓝三色，称为色光三原色。

色光三原色中的任一种与另外两种原色或其中一种原色相加，就可得到其他的色光，其规律可用下式表示：

红光 + 绿光 = 黄光

红光 + 蓝光 = 品红光（紫红）

绿光 + 蓝光 = 青光

红光 + 绿光 + 蓝光 = 白光

光谱上的色光相互混合，参与混合的色光越

多，色光的明度越高。由连续光谱组成的太阳光，明度最高。习惯上将参与混合的色光越多，其明度越高的色光混合，称为“加色混合”（图2-2）。

图 2-2 色光三原色混合——加色混合

（四）色光的互补

两种色光（单色光或复色光）以适当的比例混合或叠加后，如能产生白色的感觉，则这两种色光称为“互补色”（图 2-3）。色光三原色的补色关系是：

黄光 + 蓝光→白光

品红光 + 绿光→白光

青光 + 红光→白光

图 2-3 色光的互补

即：与蓝光、绿光和红光互为补色的三色光分别为黄光、品红光和青光。

（五）演色性

在有色光源的照射下，物体所呈现的固有色（通常指日光照射下的物体色）将受到影响，会表现出某种色彩倾向。日光也因季节、时间、地域、光照强度的变化，表现出不同的色彩倾向，对物体的色彩面貌都有所影响。这种影响被称为物体色的“演色性”，例如：在红光照射下，黄色的物体呈现出红光，绿色的物体呈现出暗灰色，而蓝色的物体则呈现出暗蓝色。

色彩的演色性有极其丰富的内容，用途也十分广泛。

二、颜料色

颜料色以自然的植物、矿物或人工合成的化合物为原料而制成。与光源色不同，颜料色本身不发光，它以吸收和反射光线的性能差异来呈现各自特有的颜色。颜料色在生产、生活中被广泛运用。

（一）颜料色的分类

习惯上，将颜料色划分为“无彩色系”和“有彩色系”两类，另外还有“光泽色”。

无彩色系：由黑色、白色及黑、白色按不同成分混合而成的不同明度的灰色所构成的无彩色系列。

有彩色系：除无彩色系和光泽色以外的色彩所构成的彩色系列。

光泽色：有光泽的金色、银色、荧光色。

（二）颜料色的基本属性

色相，各个颜色的特有面貌，由颜色反射和吸收光照的性能所决定。

明度，即颜色的明暗程度，由颜色反射光照的能力所决定。反光能力强的明度高，反光能力弱的明度低。

纯度，颜色的纯度有两种含义，一是指纯色颜料的纯净程度，纯度高的色彩较鲜艳，纯度低的色彩较灰暗；二是指在色彩混合中，参与混合的各色因所占比例不同，使各个颜料色的纯度发生改变。一般说来，在混合色中起主导作用的色彩纯度高，处于被支配地位的色彩纯度低。

在每个色彩中都具有这三种基本属性。三属性之间互为因果，总是处于相互影响、相互制约的关系中。

（三）颜料色的三原色

颜料中的红、黄、蓝三色相互混合，可以生成多种色相的颜色，而其他颜色不能混合出红、黄、蓝三色，因此将这三种色称为颜料色的三原色。

与光源色的混合性质相反，颜料色的混合属于“减色混合”，即参与混合的颜料色越多，其明度就越低。红、绿、蓝三原色光混合后生成白光，颜料色的红、黄、蓝三原色混合后接近黑色。因此，光源色的混合称为“加色混合”，颜料色的混合则称为“减色混合”（图 2–4）。颜料色的混合规律是：

红色 + 黄色 = 橙色

黄色 + 蓝色 = 绿色

蓝色 + 红色 = 紫色

红色 + 黄色 + 蓝色 = 黑色

图 2–4 颜料色三原色混合——减色混合

（四）颜料色的互补

两种颜料色相混合，使色彩倾向于黑色，则这两种色称为“互补色”。在颜料色三原色中，红色、黄色、蓝色的互补色分别是绿色、紫色、橙色（图 2–5），即：

图 2–5 颜料色的互补

红色 + 绿色→黑色

黄色 + 紫色→黑色

蓝色 + 橙色→黑色

三、色彩的表述

为了便于表述、应用、研究色彩，光源色色谱的排列秩序通常采用“色相环”“色立体”等方式来表达，并建立各具特色的色谱和色彩体系。在这里只做简单的叙述。

（一）色相环

依据光源色色谱的排列秩序，将各个色排列成环状的色相环是一种相对简单而实用的表述方法。常用的有牛顿色相环（图 2–6）、依顿十二色相环（图 2–7）、日本色彩研究所的二十四色色相环（图 2–8）、奥斯特瓦德色相环（图 2–9）、蒙赛尔色相环（图 2–10）。

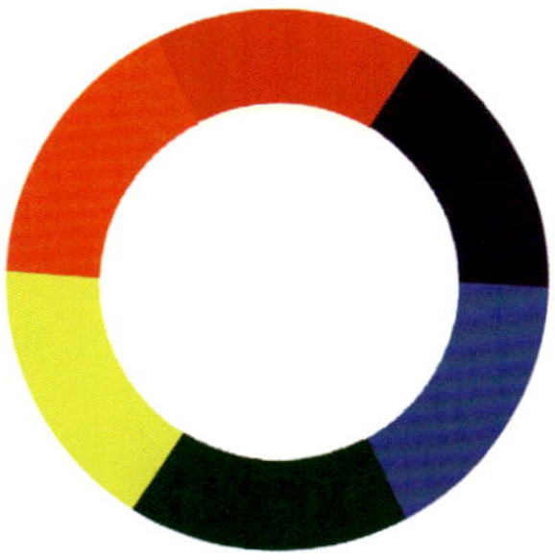

图 2–6 牛顿色相环

图 2–7 依顿十二色相环

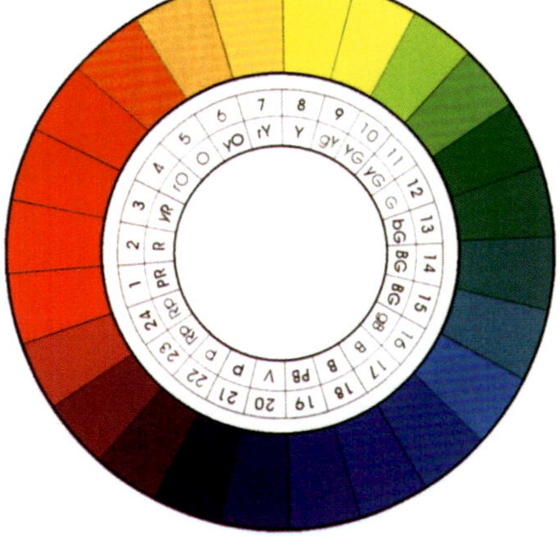

图 2–8 日本色研所二十四色色相环

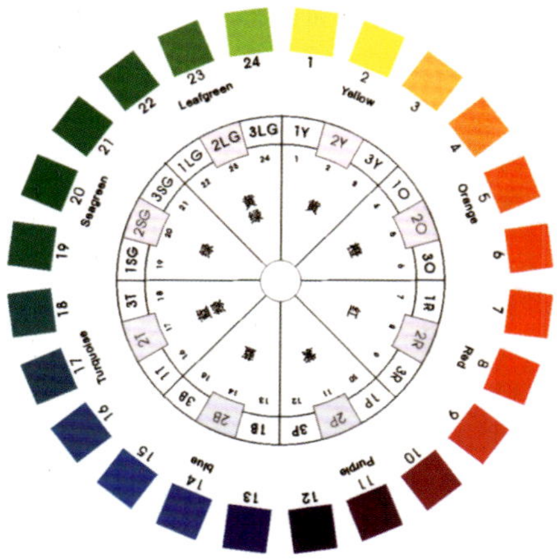

图 2-9 奥斯特瓦德色相环

图 2-10 蒙赛尔色立体与色相环

（二）色立体

色立体能够准确、全面、系统地表达色彩的色相、明度、纯度的相互关系，为我们认识、应用色彩提供了极好的工具。色立体用编码标号为色彩定名，为研究色彩和现代生产、交流带来了方便。

常用的色立体有：日本色彩研究所色立体、奥斯特瓦德色立体和蒙赛尔色立体。在这里重点介绍蒙赛尔色立体。

蒙赛尔色立体是目前世界上广泛应用的颜色系统，这一系统包括“表色方法”和“标准色度卡”。

蒙赛尔色立体是一个非对称旋转体，其内部有一根中央轴，有 10 个剖面，还有一个底面。它在底盘位置的明度为 0，代表黑色；而在中央轴的顶端的明度为 100，代表白色；在两个位置的中间则均分为 10 份（图 2–11）。由此，明度轴上共有 11 个刻度，这 11 个刻度各代表的明度值如下表所示。

刻度值 v	0	1	2	3	4	5	6	7	8	9	10
明度值 y	0	10.2	20.4	30.6	40.8	51.0	61.2	71.4	81.6	91.8	102

蒙赛尔色立体的剖面还用横、竖线分成很多小格，每个小格离底盘的高度仍用与中央轴上刻度等高的明度 V 表示，而离中央轴的水平距离则用纯度 C 表示，纯度的数值有：0、2、4、6、8、10、12、14 等，不同色相、不同明度下的纯度各不相同（图 2–12）。由此，剖面上每个小格可用 V/C 标记，如 8/6 代表该小格的明度为 8，纯度为 6。

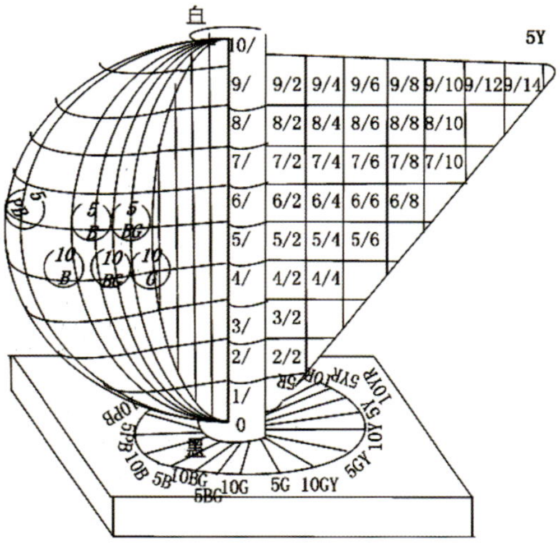

图 2–11 蒙赛尔色立体的明度值和纯度值

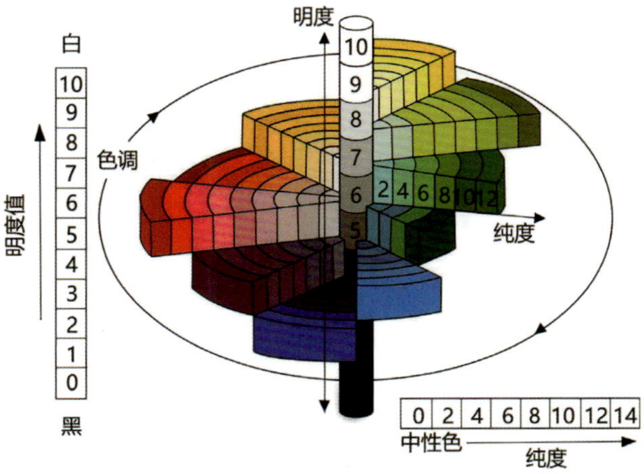

图 2–12 蒙赛尔色立体示意图

图 2-13 原色、间色、复色混合

蒙赛尔色立体的每个剖面在圆周上的角度用色调 H 表示，并在立体图的地盘上给予标记。其中共有五个主要色调：红（R）、黄（Y）、绿（G）、蓝（B）、紫（P）和五个中间色调：黄红（YR）、绿黄（GY）、蓝绿（BG）、紫蓝（PB）、红紫（RP）。

因此，蒙赛尔色立体内的任一位置都可以用明度 V、纯度 C、色调角 H 颜色的三属性描述。标注顺序为：对于有彩色的记为色调角明度 / 纯度，即 HV/C；对于无彩色的记为 NV/C，N 表示无彩色。

根据蒙赛尔色立体制出了“标准色卡度”，每块卡上均注明有 HV/C 值。

四、色彩的混合

色彩的混合，按色彩混合的性质分，有光源色的“加色混合”与颜料色的“减色混合”两类。按色彩混合的方法分，则有“相互混合”（混合）、“叠色”（重叠混合）、“空间混合”（包括旋转混合）三种。下面以色彩混合的方法做简要介绍。

（一）相互混合

如果将三原色视为第一次色，其中两个色相互混合便获得三个间色，即第二次色。用间色与相邻原色再次混合便获得六个复色，即第三次色（图 2-13）。这十二色便构成依顿十二色相环，依顿十二色相环表明了原色、间色、复色的变化关系。在此基础上利用色相、明度和纯度的变化，各色之间的混合便可获得千变万化的色彩。日本色彩研究所的二十四色色相环和奥斯特瓦德色相环所表明的色彩变化关系与依顿十二色相环是一致的，只是构成色相环的色彩数量不同。无论光源色还是颜料色，在色相环上都能找到相对应的位置（图 2-14）。

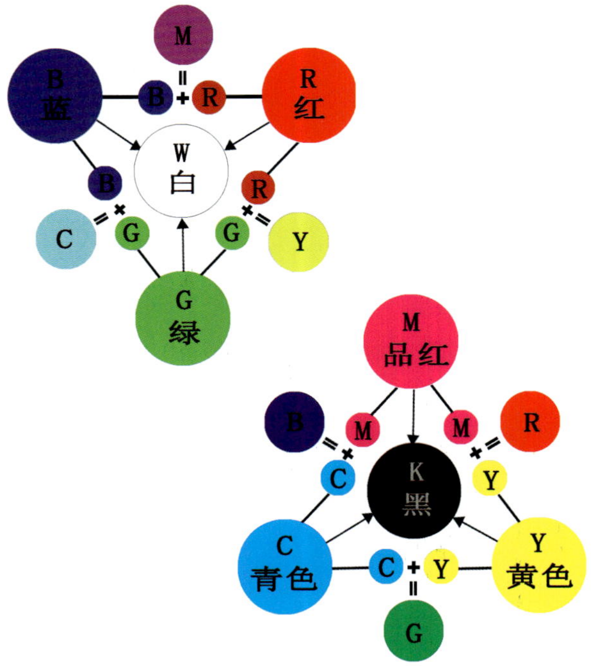

图 2-14 光源色和颜料色的混合

（二）叠色

叠色是利用颜料色的透明性，将两种或多种颜色重叠在一起所产生的新色彩。重叠层数越多，明度越低。两色重叠的色相介于两色之间，但更接近上层颜色（图 2-15）。光源色的叠置等同混合，色光越多，明度越高。色彩重叠混合含有“空间混合”的特征。

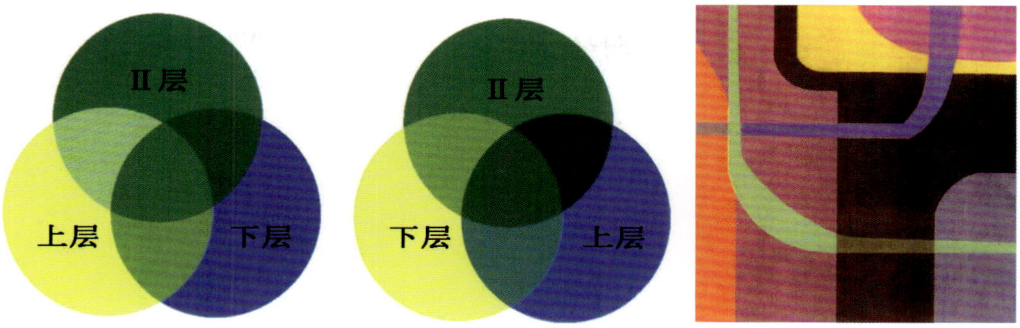

图 2-15 颜料色的重叠混合

图 2-16 空间混合

（三）空间混合

将多个色彩用不同形式并置，通过一定的空间距离，使眼睛所接受的是色彩反射光经空间混合后的效果（图 2-16）。其效果由三个方面来决定：一是色彩、形状的肌理，如色点的大小、形状排列秩序等；二是并置色彩的对比强弱；三是观者的距离。

旋转混合至色盘上的几个色彩，在色盘旋转时色彩反射光的综合效果。它与色彩风轮玩具原理相似，静止与旋转时的色彩不同。

五、色彩的对比

任何色彩都不会孤立存在，我们看到的色彩通常是多个色彩组合在一起的。色彩对比是色彩在对比状态下通过视觉的感知所呈现的色彩现象。影响色彩对比的因素是多元的，除了色彩的色相、明度、纯度外，色彩的面积、形状、位置关系及色彩对比中的种种错视现象对色彩对比的效果也会产生影响。认识色彩，需要了解色彩在对比中的相互影响，也需要了解人的视觉特性。在色彩、视觉之间完成的色彩对比，有其自身的特点和视觉规律（图 2-17）。

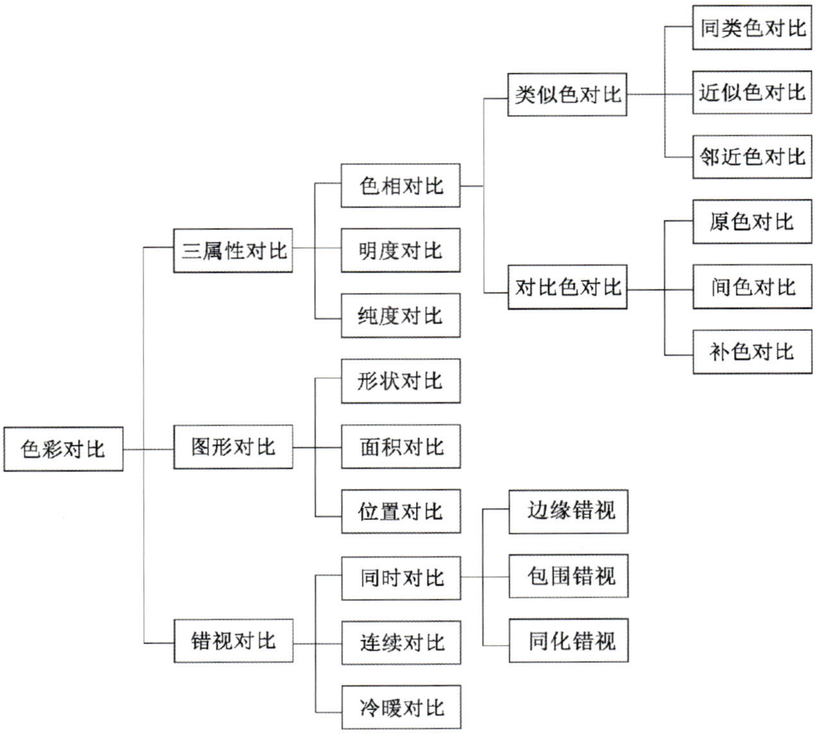

图 2-17 色彩对比类型

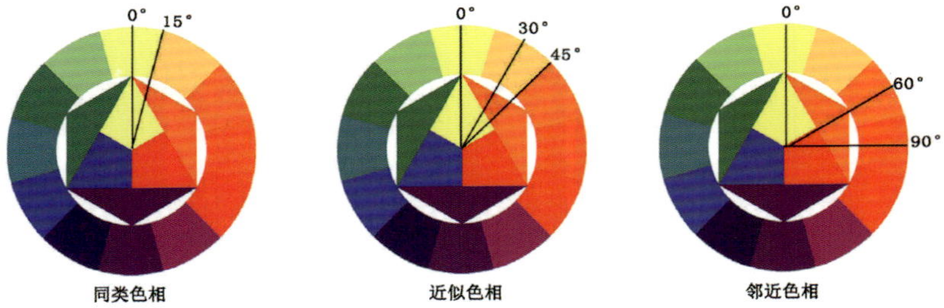

图 2-18-1 色相对比

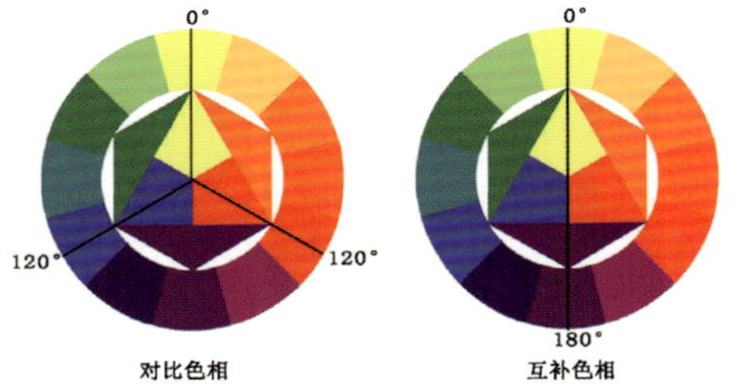

图 2-18-2 色相对比

（一）三属性对比

1. 色相对比

在依顿十二色相环中，两色相距 90° 以内的对比属于类似色对比。其中，15° 以内的是同类色对比，相距 30° ~45° 属于近似色对比，相距 60° ~90° 是邻近色对比（图 2-18-1）。

两色相距 90° 以上的对比属于对比色对比，其中，两色相距 120° 的是原色对比，两色相距 120° ~150° 的属于间色对比，两色相距 150° ~180° 的是补色对比（图 2-18-2）。

同类色对比，色相差别模糊，一般需要通过明度或纯度的差别来增强对比，是最弱的色相对比。同类色对比的效果单纯、平静、雅致，但也容易产生单调、呆板的效果（图 2-19）。

图 2-19 同类色对比

近似色对比，是较弱的色相对比。对比柔和，但色彩比同类色对比丰富，容易取得和谐、统一的效果（图 2-20）。

图 2-20 类似色对比

邻近色对比，因色相间具有共同的亲和因素，又具有轻微的对抗倾向，使对比在统一、和谐中显得活泼、丰满，是常用的配色方法（图 2-21）。

图 2-21 邻近色对比

图 2–22 原色、间色对比

原色对比、间色对比的色相感强烈、刺激，但容易引起视觉疲劳，属于中强对比。处理不当，容易显得粗俗、幼稚；处理得当则会产生极佳的视觉效果（图 2–22）。

补色对比是强烈的色相对比。三原色的互补色是极端的对比，红与绿的纯度对比、黄与紫的明度对比、蓝与橙的冷暖对比都是极端的对比，需要认真处理才能取得好的效果（图 2–23）。

2. 明度对比

色彩因明暗程度的差异而形成的对比称为明度对比。人的视觉对明度对比极其敏感，因而色彩的层次和空间感主要依靠明度来表现。如果将色相对比中的色相去掉，我们看到的就只有黑、白、灰的明度对比关系，因此，明度对比的强弱对色彩明快度、图形清晰度起着至关重要的作用。

色彩的明度差异包含两种情况：①色彩加入不同比例的黑或白后，明度有差异；②色彩自身的明度之间的特有差别，如紫和黄，一个明度低，一个明度高。

将蒙赛尔色立体的中央轴从黑到白的明暗程度分为高明度、中明度、低明度 3 个层次，每个层次的明度又分为 3 级，共 9 级，再包括黑、白，共 11 级。如果明度对比停留在某一层次中形成明度基调，其明度对比便有高明度调、中明度调、低明度调的区别。相邻 3 个等级的对比为短调对比，相邻 5 个等级的对比为中调对比，相邻 5 个等级以上的对比为长调对比。如果某一明度处于优势地位，与其他明度级的对比关系则至少有高长调、高中调、高短调、中长调、中中调、中短调、低长调、低中调、低短调 9 种调性（图 2–24）。其辨别方法是，先根据底色的基调确定其属于高调、中调或低调，再根据图与图之间的对比度来判断长、中、短调。

图 2–23 补色对比

图 2-24 明度对比调式 -1

在明度差接近的组合中，高明度的节奏柔和、明快；中明度的节奏高雅、恬静；低明度的节奏庄重、沉静。9 种调性的视觉效果可以概括为：高长调活泼、明亮；高中调优雅、愉悦；高短调轻柔、含蓄；中长调坚实、强健；中中调丰富、舒适；中短调平淡、朦胧；低长调朴实、厚重；低短调深沉、忧郁（图 2-25）。

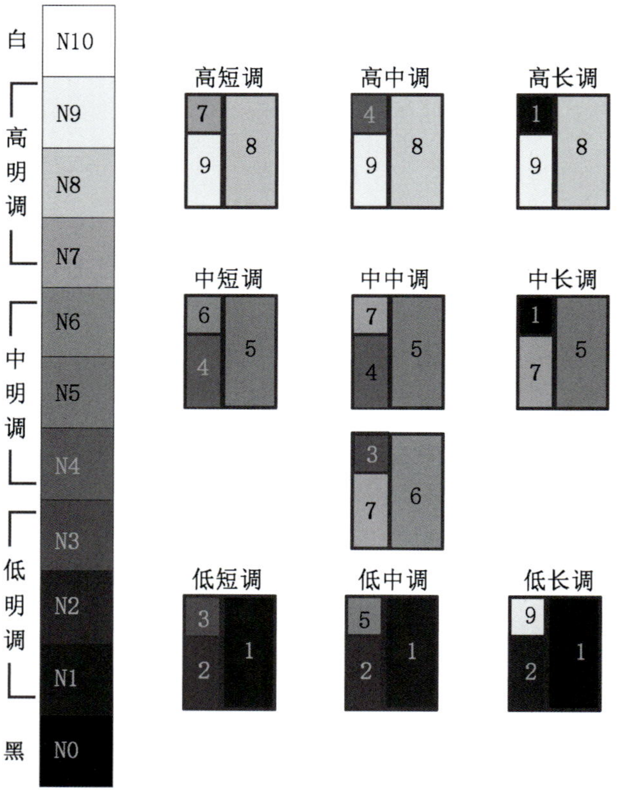

图 2-25 明度对比调式 -2

3. 纯度对比

纯度指色彩的鲜艳程度，纯度高的鲜艳，纯度低的混浊。单色的纯度取决于含灰色的多少（灰色的明度相等），含灰色量少的纯度高，含灰色量多的纯度低（图 2-26）。两色并置时，我们所感知的纯度会发生改变，在对比中，纯度高的显得更鲜亮，纯度低的显得更暗浊（图 2-27）。

图 2-26 加入黑白灰后的纯度变化

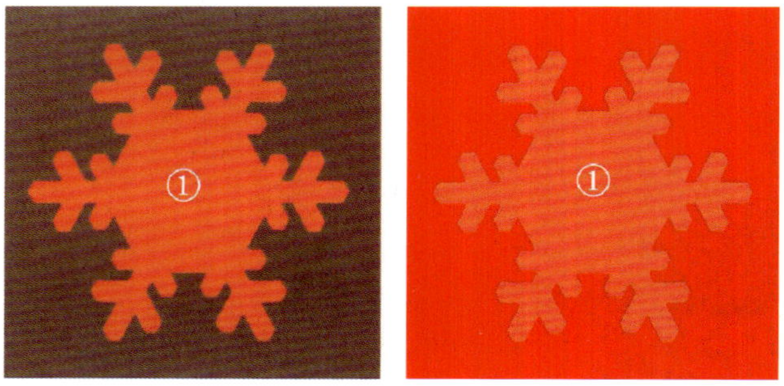

图 2-27 纯度错视

在蒙赛尔色立体中，色彩的纯度大致被分为 0—10 共 11 级（各色的纯度范围是不一致的）。0 是明度中心轴上 N1—N9 的不同明度的灰色，10 与 0 是在同一水平面的纯色，将 1—9 分为 3 个层次，则有高纯度（鲜调）、中纯度（中调）、低

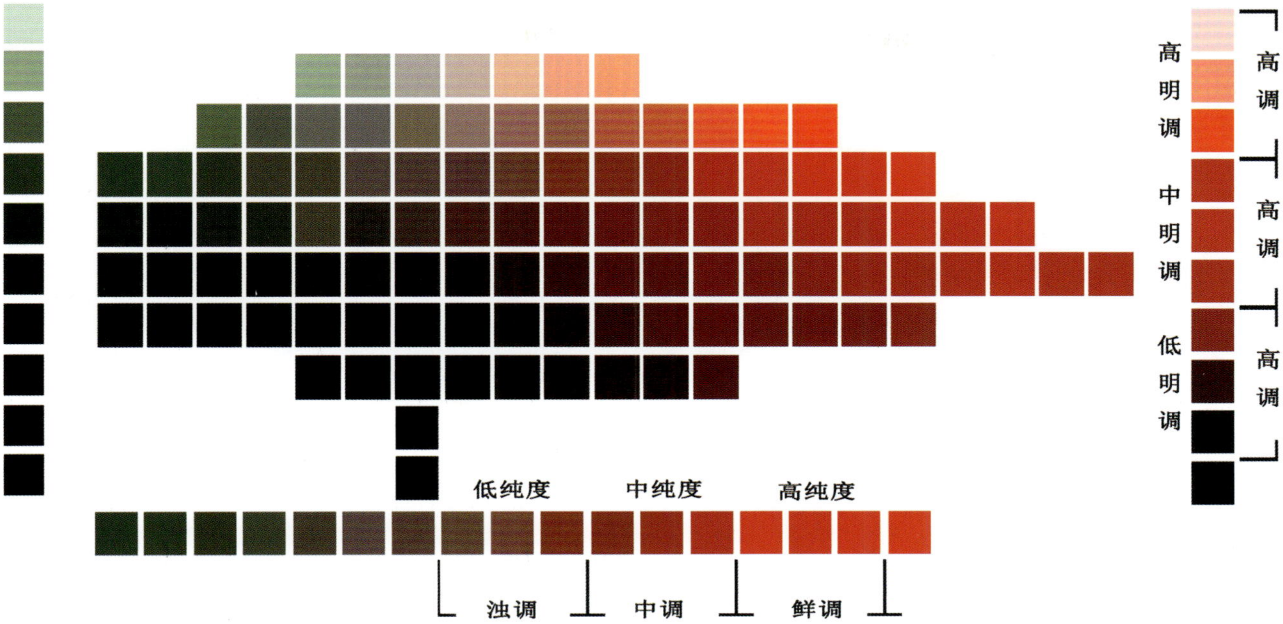

图 2-28 蒙赛尔色立体剖面图

纯度（浊调）之分。相邻 3 个纯度等级之间的对比为弱对比，相邻 5 个纯度等级的对比为中对比，相邻 5 个等级以上的对比为强对比。如果某一纯度处于优势地位，与其他各个等级的纯度形成对比关系，则至少有鲜强调、鲜中调、鲜弱调、中强调、中中调、中弱调、浊强调、浊中调、浊弱调 9 种调性。纯度对比与色相、明度对比通常构成综合的对比，因此，纯度的 3 个层次和 9 种调性的对比并不都处在与中心轴的同一水平位置上（图 2-28）。

低纯度对比感觉平淡、陈旧、简朴、随和，中纯度对比感觉温和、沉静，高纯度对比感觉强烈、鲜明（图 2-29）。

（二）图形对比

图形对比包括面积、形状、位置三种相关联的对比关系。

色彩面积在色彩对比中的影响是：①面积相当则相互抗衡，色彩对比相对强烈；②色彩面积悬殊，面积大的处于优势地位，对面积小的起到烘托作用，对比效果弱（图 2-30）。

图 2-29 纯度对比

图 2-30 面积对比 -1

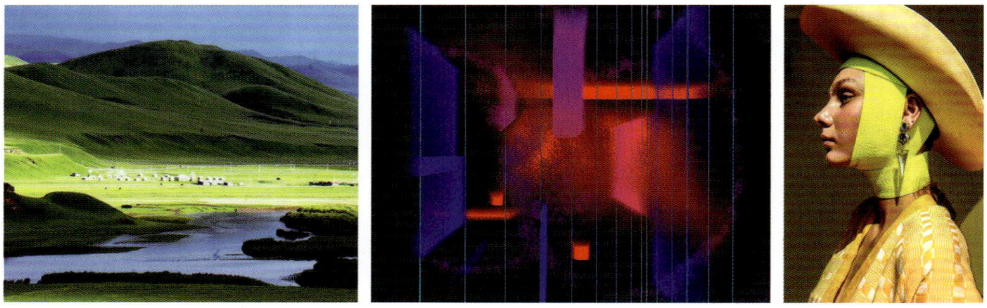

图 2-31 面积对比 -2

图 2-32 面积对比 -3

面积对比的调和，取决于色彩面积与明度、纯度的关系。一般来说，明度高的纯色面积宜小（如黄色），明度低的纯色面积要大（如紫色）；明度高、面积大的色彩（如橙黄色）则需要降低纯度，反之，明度低、面积小的色彩（如绿蓝色）则需提高纯度。明度与面积、纯度与面积均成反比关系（图 2-31）。

色彩形状在色彩对比中也有一定影响，形状越简单、集中，对比效果越强；形状越复杂、分散的，对比效果越弱（图 2-32）。

色彩的位置关系同样影响色彩的对比效果。位置关系的协调取决于色彩的合理分布和整体的完善。分布得当，可以取得位置关系的平衡。色彩相互间的呼应，可以使色彩的分布有节奏感。

（三）错视对比

由于人的生理原因，在色彩对比状态下，眼睛感受到的色彩与真实的色彩之间有所差异，产生视觉错误，即为“错视”。

1. “同时对比”中的错视

两色并列时，高明度色紧邻低明度色边缘的一侧变暗，而低明度色紧邻高明度色边缘的一侧则相对较亮。如黄、红两色并列，黄色紧邻红色的边缘偏红，而红色的邻边则偏黄，这种现象就是“边缘错视”（图 2-33）。

图 2-33 边缘错视

如果一个色彩被另一个色彩包围，从色相、明度到纯度都会产生错视，且对比鲜明，这就是“包围错视”（图 2-34 至图 2-36）；当被包围色的色相、明度、纯度与包围色相接近，只是形状不同，则被包围色被“同化”，产生于包围色相似的现象，这就是“同化错视”（图 2-37）。

图 2-34 包围错视

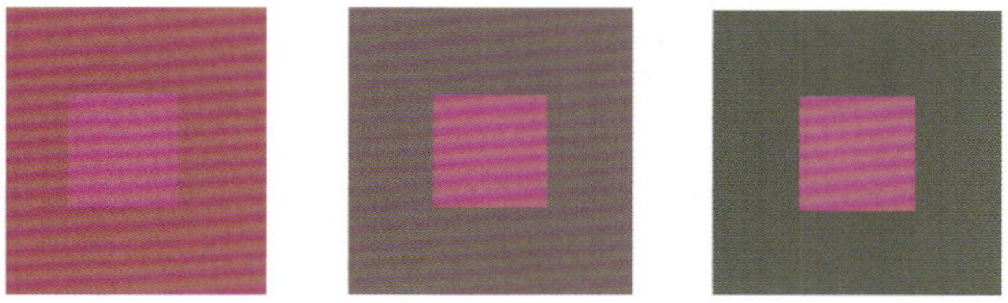

图 2-35 纯度包围错视

图 2-36 黑白灰包围错视

图 2-37 同化错视

同时对比的规律：

①低纯度色与高纯度色并置，低纯度色更浊，高纯度色更艳；低明度色与高明度色并置，低明度色更暗，高明度色更亮；冷色与暖色并置，冷色更冷，暖色更暖。

②不同色相相邻，都将对方推向自己的补色；补色相邻，鲜明度都同时增加。

③两色并置产生边缘效应，一色被另一色包围，对比效果鲜明，或者“被包围色”向“包围色”靠拢，被同化。

2.“连续对比”中的错视

色彩在视觉中的残留现象，称为“残像”，有“正残像”“负残像”的区别。

①“正残像”是色彩在极短时间内停留在眼中的现象，如看了红色后再看其他色，会保留红色的感觉。

②“负残像”是“正残像”的补色像，如看了黑色上的绿色图案后再看白色，白色上会出现红色图案残像。

3. 冷暖对比中的错视

色彩的冷暖感觉，原是一种心理感受，由心理感受引起的色彩膨胀与收缩感、前进与后退感，在色彩对比中得到强化，也是一种错视（图 2–38）。

图 2-38 冷暖对比

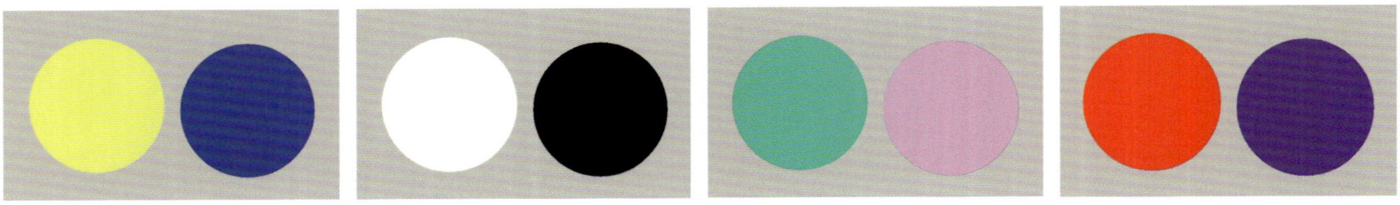

图 2-39 色彩的进退膨胀与收缩错视

色彩膨胀、收缩与色相、明度有关，色彩的进退与色彩的知觉度相关。在对比状态下，暖色、膨胀色、高纯度色、亮色有前进倾向，属于前进色；冷色、收缩色、低纯度色、暗色有后退倾向，属于后退色（图 2-39）。

色彩的冷暖有两种情况：①色环上的各色冷暖有别，红、橙、黄属暖色，蓝紫属冷色，绿色属于中性色；②两色比较下冷暖有别，如浅紫红与蓝绿相比，浅紫红可能会偏冷。

六、色彩的调和

恰当的色彩调和可以产生美，色彩的不同搭配可以表现出不一样的美。色彩调和就是要使色彩的对比处于一种既有秩序而又富有变化的统一状态中，使色彩对比达到“和谐美”的目的。

色彩的调和可以分为统一调和、对比调和两类。统一调和是在统一中求变化，对比调和是在对比中求统一。

图 2-40 色调调和 -1

（一）统一调和

1. 色调统一

色调就是色相组合的总倾向，表现色彩程度，是色相、明度、纯度、冷暖等诸多因素的综合概念。实际应用最多的是色彩的明度色调，其次是色相和纯度色调。从色彩的明度分，有明色调、暗色调和灰色调；从色彩的纯度分，有清色调、浊色调；从色彩的冷暖分，有暖色调、冷色调和中性色调（图 2-40、图 2-41）。

图 2-41 色调调和 -2

色调是统一调和与对比调和都应保持的“基调”，色彩在对比中的变化都应统一在所确定的基调中。分清色调要素的主次是保证色调统一所必须注意的。

2. 要素的同一

在色彩三属性中，保持其中一种属性相同，其余两种属性进行变化，就是为调和而遵循要素的同一原则。由此，便有明度调和、色相调和、纯度调和三种类型（图 2–42 至图 2–44）。要素同一的调和为色调的统一奠定了基础。

（二）对比调和

对比调和的关键是要赋予色彩变化以一定的秩序，有秩序就是在变化中避免“杂乱无章”，而后求得统一。秩序的保持需要在变化的色彩中具备某种“共同因素”。

1. 同因素调和

同类色的色相是共同因素，可在明度和纯度中寻求有秩序的变化（图 2–45）。

类似色的色相接近，可变化明度和纯度，也可以在明度和纯度中确定一个共同因素而变化其他。（图 2–46）

邻近色的色相已有明显变化，仍可在明度和纯度中确定一个共同因素而变化其他。（图 2–47）

对比色、补色的色相对比强烈，除在明度和纯度中确定一个共同因素外，还可以在对比各色中同时混入第三色（黑、白、灰色或其他色）。或者，各种色彩按一定比例相互混入对方的成分（图 2–48、图 2–49）。

图 2–42 明度调和

图 2–43 色相调和

图 2–44 纯度调和

图 2-45 同类色调和

图 2-47 邻近色调和

图 2-48 对比色调和

图 2-46 类似色调和

图 2-49 补色调和

2. 渐变调和

无论色相、明度还是纯度，使之具有渐变的秩序都可获得调和的效果。这种渐变可以是等差的，也可以是等比的（图 2-50）。

一个色的反复可以形成节奏，几个色渐变组合的反复也可以形成节奏。节奏无论是规则的还是不规则的都体现出一种秩序，有利于色彩的调和。如果节奏中表现出某种情调或意境，节奏便有了韵味，这便是色彩调和所寻求的境界。

图 2-50 渐变调和

（三）几何形秩序调和

以色彩在色环上的位置关系确定调和效果（图 2-51）。

①三色调和，在色环上呈三角形（等边的、等腰的、不等边的）的位置关系。

②四色调和，在色环上呈正方形或长方形的位置关系。

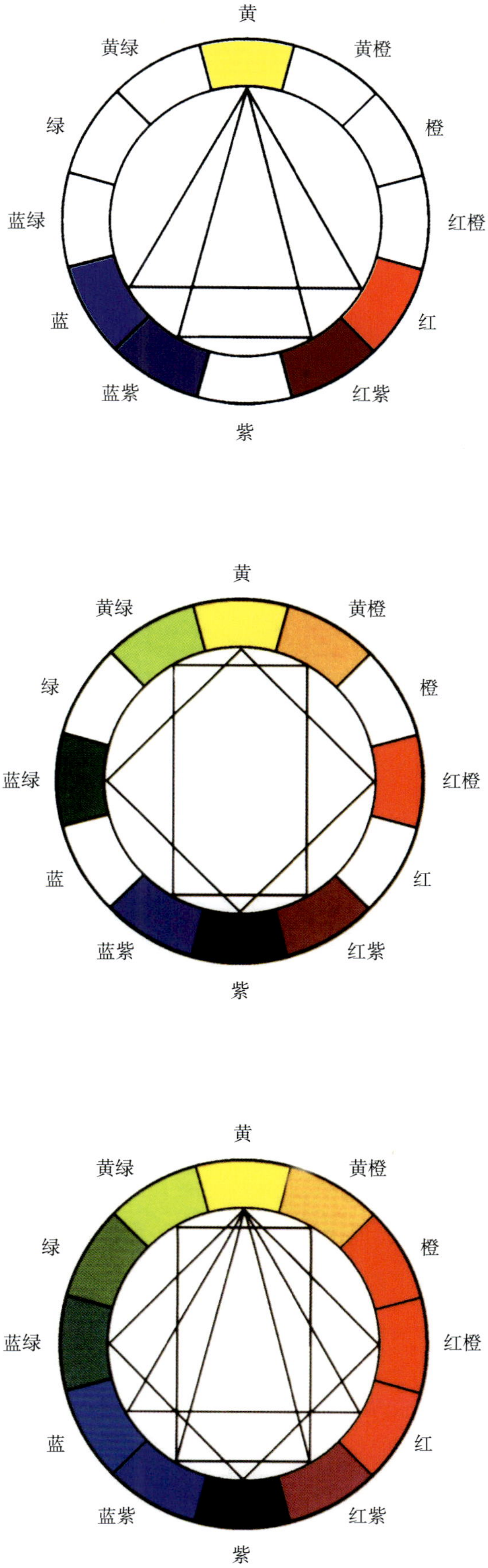

图 2-51 几何形秩序调和

③多色调和，在色环上呈五角形、六角形的位置关系。

无论三色、四色还是多色调和，一定要注意主次关系，这样才能取得较好的调和效果（图2–52）。

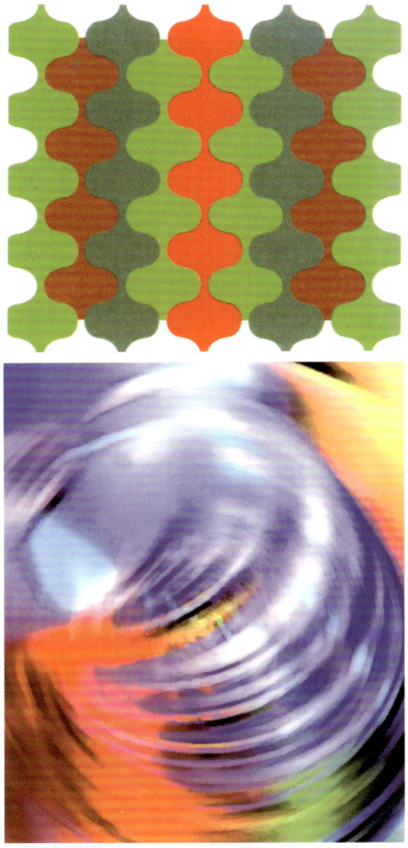

图 2–52 主次调和

七、色量均衡与色的强调

色相、明度、纯度、冷暖的变化可以通过面积、形状、位置等因素调节色量的多少来实现，即色相、明度、纯度、冷暖、面积、形状、位置等因素可以是不均等的分布，但感觉上是均等的。在色量的均衡中寻求调和，通常是在明度接近时，纯度高的比纯度低的面积小；冷暖色之间，暖色比冷色面积小；色相相同，材质重的比材质轻的面积小（图 2–53）。

需要强调的色，通常是小面积色。且色的位置至关重要，强调色通常处于最易引起注意的位置（图 2–54）。

图 2–53 色量均衡

图 2–54 色的强调与关联

图 2-55 间隔调和

八、色的间隔与关联

色彩对比模糊时，用另一色间隔可使对比明朗；当两色对比刺目、不协调时，也可用其他色（如黑白灰色、金银色等）间隔，使之变得和谐（图 2-55）。

处于不同位置的色，应注意色相的关联，形成呼应之势，使整体处于协调之中。

九、色彩的情感与表现

性格各异的色彩，可给人以不同的感受和联想，使色彩具备了人所赋予的情感特征。在这些特征中，有的是由人的生理机制决定的具有共性的特征，如色彩的冷与暖、进与退、膨胀与收缩、兴奋与沉静等；有的则是因人而异的主观情感，主观情感使色彩常常具有多重的情感特征，其中，有积极的一面，也有消极的一面。色彩情感的多样性应用于色彩组合中，用色彩传达人的情感就成了丰富、细微而复杂的问题。

（一）色彩的一般情感

红色，具有强烈感染力的色彩，有热情、兴奋、喜庆、危险的感觉。

橙色，是温暖、明亮的色彩，能唤起美满、幸福、欢乐、吵闹的情感。

黄色，是光明的色彩，给人以明亮、轻快、辉煌、崇高、警惕的感觉。

绿色，是充满生机的平和色彩，是青春、健康、和平、安全的象征。

蓝色，是天空、海洋色，有透明、清凉、深远、理智、沉静、冷漠的感觉。

紫色，是象征着高贵、优雅、神秘、孤独的色彩。

黑色，代表黑暗、寂寞、苦难、恐怖，又具有庄重、超俗、肃穆、高贵、沉静的意义。

白色，最明亮的色彩，具有朴素、清洁的性格，象征纯洁、光明、神圣。

灰色，纯净的中灰色，稳定、雅致，具有谦虚、温顺的性格。

金银色，有光泽的金属色，高贵、华丽，象征权力和富有。

（二）色彩的表现效果

色彩有着丰富的表现力。色调所表现的是色彩情感的总倾向，其间的色彩构成方式、色彩与形体、色彩与材质肌理的关系，还包含着千差万别丰富而细腻的情感描述。我们将自己的情感移植于色彩，通过色彩表达我们的审美需求，这正是色彩的魅力所在。

华丽色调：高彩度，色相差大，多为暖色时构成华丽色调。

朴素色调：低彩度，色相差小，多为冷色时构成朴素色调。（图 2-56）

鲜明色调：高彩度，色相差大，明度差大。色彩鲜明、对比强烈，令人兴奋、刺激，有华美、艳丽、健康、热情的一面，也有嘈杂、浮躁的一面。

含蓄色调，低彩度，色相差小，明度差小。色彩对比弱，给人以含蓄、朴素、微妙、经典、保守、浑浊、模糊的感觉（图 2-57）。

轻柔色调，较高明度，浊色。色调大方而明

图 2-56 华丽与朴素

图 2-57 鲜明与含蓄

图 2-58 轻柔与厚重

朗，给人青春、健美、甜蜜、开朗、活泼、性感的感觉。

厚重色调，低明度，清色。健康的纯色加入少许的黑色显得厚重，充满了力量。给人以丰富、稳重、宁静、质朴、成熟、高贵的感受（图2-58）。

明媚色调，高明度，多为清色。大量的白色成分使纯色的鲜艳程度被削减，给人清澈、明媚、干净、优美、天真、幼稚、纤细的感受。

温婉色调，中等明度，多为暖色，浊色。色调性格不鲜明，表现出一种平淡、自然、和睦、亲切、简便、成熟的情调（图2-59）。

图2-59 明媚与温婉

第二节　人物形象与服装色彩搭配

生活中，我们常常看到穿着艳丽色彩的人，同样，我们也常看见有些人穿着的色彩柔和怀旧。为什么自然界中这么美丽的色彩穿在身上有不同的味道呢？这关键在于色彩的搭配，本节将带领大家一起学习人物形象与服装色彩搭配。

一、服装色彩的形式美法则

形式美是构成客观事物的自然属性（色彩、形状、线条等）按照一定规律的组合在外在形式上表现出来的美。服装色彩的形式美是将组成服装色彩的色彩形状、面积、位置根据一定规律进行组合，使服装色彩整体和谐，达到多样统一的审美特性。

（一）均衡

服装色彩的均衡是指服装上呈现的色彩在视觉上具有平稳、安定的感觉。色彩的冷暖、轻重、强弱，以及色彩的形状、面积、位置等，均是影响服装色彩是否均衡的重要因素，常见的均衡有对称均衡和非对称均衡两种形式。

1. 对称均衡

对称均衡是色彩在服装上以绝对对称的形式呈现，服装一般为左右对称的款式。色彩的对称均衡往往给人以庄重、大方、平静、安稳等感觉，易产生平淡、呆板、单调、乏味等视觉现象，但由于人体时常处在运动状态下，在一定程度上能抵消对称均衡所产生的负面效应。（图2-60）

图2-60 对称均衡

2. 非对称均衡

非对称均衡是色彩在布局上显现出异形同量、等量不等形的平衡及色彩的强弱、轻重等表现出相对稳定的视觉感受。这种形式下的色彩具有生动、丰富、多变、有趣等特点，能适应大多数人的审美要求，是服装配色常用的一种形式（图 2-61）。

图 2-61 非对称均衡

（二）比例

比例是组成客观事物的各部分在部分与部分，局部与整体中数与量之间的比较关系。服装色彩的比例，是组成服装色彩中各色彩形状、面积、位置等关系的比较。对比的数值关系满足美的统一与协调，被称为比例美，保持良好的色彩比例是实现服装总体美的基本法则之一（图 2-62）。常见的比例有等差奇数比、斐波那契数列、黄金分割比、根距比等，在服装色彩的搭配中，采用以上各种比例均能实现色彩的协调美。

图 2-62 比例

（三）节奏

节奏，也称旋律，是指造型元素有规则地排列所形成的律动美感。服装色彩的节奏是通过组成服装色彩中各色彩的色相、明度、纯度、形状、面积、位置等方面按一定的方式变化和反复的（图 2-63）。主要有以下三种形式：

1. 重复性节奏

同一色彩元素通过同一间隔或同一强度做有规律的循序重复产生的旋律。

2. 阶段性节奏

色彩元素按等差或等比的层次渐大、渐小或渐深、渐淡，逐渐递进所产生的节奏感。

3. 多元性节奏

色彩元素经过连续变化后所产生的具有强弱、抑扬或轻快自由的运动感。其特点是动感强，层次丰富。但也易因搭配不当，出现混乱的视觉感受。

图 2-63 节奏

二、服装色彩搭配规律

进行服装色彩搭配时，应先确定服装主色，再搭配配色，最后确定点缀色。主色是在服装中所占面积最大的颜色，影响画面的整体基调；搭配色在服装中起辅助作用，比主色面积小；点缀色通常起到画龙点睛或调节整体的作用，面积较小，但视觉效果强。服装色彩搭配的基本规律主要有以下几种：

（一）同类色的搭配

运用同类色进行服装搭配时，需要利用明度、纯度、冷暖变化创造不同的色彩效果。

同类色搭配采用同一个色相进行搭配，这种搭配方式比较单一，是最简单、最直接的搭配方法。在实际运用中，可以通过同类色不同材质的面料进行搭配。（图 2–64）

图 2–64 同类色：同色搭配

明度搭配采用一个颜色与这个颜色不同深浅变化的颜色搭配，形成不同明度的搭配，呈现出层次分明的节奏。（图 2–65）

纯度搭配是一个颜色与这个颜色之间不同纯度的相互搭配。（图 2–66）

图 2–65 同类色：明度搭配

图 2–66 同类色：纯度搭配

（二）对比色的搭配

弱对比，即邻近色搭配，是你中有我，我中有你的关系，如黄—黄橙—橙、绿—蓝绿—蓝或红—橙、黄—绿等。（图 2–67）

图 2–67 弱对比

中对比，如原色—原色、间色—间色之间的搭配，中对比搭配色彩差异大，对比鲜明，给人以饱满、兴奋的感觉。（图 2–68）

图 2–68 中对比

强对比，即互补色搭配，如红—绿、黄—紫、蓝—橙。强对比色搭配对比最为响亮，效果最刺激，但处理不好会出现生硬、俗气的感觉，因此要注意面积的大小、比例及位置关系。（图 2–69）

图 2-69 强对比

图 2-70 冷色型

三、个人色彩与服装色彩

人的肤色与色彩一样，具有色相、明度、纯度的变化，这就造就了世界上有黄、黑、白、棕等不同人种。且每个人之间的肤色只有相似，没有相同，即每个人都有自己的专属体色。人的体色是由人体中色素含量所决定的，色素含量的不同使每个人呈现在外的肤色、眼睛的颜色、发色、唇色等各不相同，可分为以下几类：

（一）冷色型

冷色型人通常在头面部有着青冷色的调子，头发呈乌黑或者棕褐色，有着棕色或黑色的眼睛，肤色为玫瑰粉、青白、青黄或者青黄褐色。

冷色型人强调运用冷色调的色彩进行服装搭配，不强调明度，深色或浅色的冷调均可。以蓝色系、紫色系为主，切忌搭配橙色系、咖啡色、暖粉色等暖色调。穿错色的冷色型人易给人显老、气色不佳、无神等视觉效果。冷色型人可分为冷夏型、冷冬型。（图 2-70）

（二）暖色型

暖色型人最大的特点就是整个头面部色彩在温暖、橙黄色的底调中，有着棕褐色或黑色的头发；眼睛颜色多呈现褐色或棕褐色，拥有偏红的皮肤，或白里透红，或黑里透红，整体呈现出暖色调，给人以暖洋洋的感觉。

与冷色型人相反，暖色型人强调运用暖色调的色彩进行服装搭配，以中等明度的色彩为主，宜采用带有黄橙底调的颜色，如橙色系、黄色系、红色系、黄绿色系等，搭配暖灰、咖啡色、棕色系等。暖色型人可分为暖春型、暖秋型。（图 2-71）

图 2-71 暖色型

（三）深色型

深色型人的发色乌黑浓密，眼睛多以深棕、深褐或黑色为主，肤色为中等深浅至深色，面部整体的色感强烈而浓重，对比反差明显。

深色型人群在服装色彩的选择上以中等明度至低明度的色彩为主。由于深色型人整个头给人一种色彩厚重的感觉，因此在色彩的选择上宜采用同样浓重的色彩进行搭配，强调配色的绚烂、浓烈效果。深色型人可分为深秋型、深冬型。（图 2-72）

图 2-72 深色型

（四）浅色型

浅色型人的发色、肤色、眼睛的颜色总体以浅色为主，对比弱，不分明。发色以黄褐、深棕色为主，眼睛为黄褐色或棕黑色，肤色较白或中等深浅的肤色，面部整体色感轻浅、柔和，没有鲜明对比。

浅色型人群在服装色彩的选择上适合浅、淡雅的颜色，多以中等明度至高明度间清浅、淡雅的色彩为主，服装色彩的搭配上宜采用浅色与浅色相搭的方式，如果一定要穿着深色，那么一定要有浅色与之相配。浅色型人可分为浅春型、浅夏型。（图 2–73）

图 2–73 浅色型

（五）净色型

净色型人在整个头面部中，头发、眼睛与皮肤的色彩有着强烈、鲜明的对比和反差，一般都有一双黑白分明的眼睛，头发乌黑，肤色可以是从浅色至深色的任何一种。

净色型人适合高纯度、亮丽的颜色，是所有色彩季型人中穿衣用色范围最广的一种类型。在色彩搭配上大胆分明、对比强烈，能轻松驾驭红配绿、黄配紫等强烈的颜色对比。净色型人可分为净春型、净冬型。（图 2–74）

图 2–74 净色型

（六）柔色型

柔色型人的头面部色彩给人以朦胧、不分明的感觉，大多有黄褐色的眼珠，中等偏白的肤色，发色、眼睛、皮肤之间缺乏鲜明的对比，整个头面部都笼罩在一种灰色调中。

柔色型人以灰色系的服装为主，适合低纯度、中等明度、柔和、雅致的色彩，给人以清新、淡雅、低调含蓄的美，而艳丽夺目的色彩让柔色型人显得俗气、不精神。柔色型人可分为柔秋型、柔夏型。（图 2–75）

图 2–75 柔色型

练习题

一、色相混合练习

1. 色相练习

用红、黄、蓝三色相互混合。

2. 明度练习

（1）白色，渐次加入黑色，从白到不同程度的灰再到黑的明度练习；

（2）任选一个彩色，渐次加入白色，直到变成白色；

（3）任选一个彩色，渐次加入黑色，直到变成黑色。

3. 彩度练习

（1）以彩度较高的红色或橙色，渐次加入明度相同的灰色，比较一下彩度的变化；

（2）以任意一个彩色，渐次加入明度相同的灰色，比较一下彩度的变化。

二、色彩对比练习

1. 明度对比练习

（1）黑、白、灰的明度调式练习；

（2）有彩色的明度调式练习。

2. 彩度对比练习

参考蒙赛尔色立体剖面图，色立体中心轴的水平方向所表示的便是彩度差，从中选择浊调、中调、鲜调，按同类色、邻近色、对比色，分别做明度相似的彩度对比练习。

三、色彩调和练习

1. 统一调和练习

选择一种调和秩序（明度、色相或纯度），在自己设计的图形中完成练习。

2. 对比调和练习

（1）两色对比练习，选择对比色或互补色，在自己设计的图形中完成练习；

（2）三色对比练习，选择两个暖色，一个冷色的色彩组合，在自己设计的图形中完成练习。注意明度、纯度、色相的主次和面积、形状、位置的关系。

3. 色彩的隔离练习

色彩的强烈对比，用黑、白、灰色或光泽色隔离的练习。在自己设计的图形中完成练习。

4. 色彩的强调与关联练习

用优势统一法，突出强调色，并注意色彩呼应的练习，在自己设计的图形中完成练习。

参考文献

陈重武 . 新色彩构成 [M]. 天津：天津人民美术出版社，2003.

李莉婷 . 色彩构成 [M]. 武汉：湖北美术出版社，2001.

胡国正 . 色彩构成 [M]. 上海：东华大学出版社，2006.

吴卫，肖晟 . 色彩构成 [M]. 北京：北京理工大学出版社，2006.

黄国松 . 色彩设计学 [M]. 北京：中国纺织出版社，2001.

鲁迅美术学院染织美术系 . 构成艺术教程 [M]. 沈阳：辽宁美术出版社，1997.

ArtTone 视觉研究中心 . 色彩美人・服饰配色全攻略 [M]. 北京：中国青年出版社，2009.

赵国志 . 色彩构成 [M]. 沈阳：辽宁美术出版社，2014.

朱宁，陈寒佳 . 服装色彩与搭配 [M]. 安徽：合肥工业大学出版社，2011.

第三章

灵感在人物形象设计中的应用

人物造型的设计，包括服装造型的设计、搭配等，往往需要极大的创造力，大多数人会认为这是一种与生俱来的天赋。然而在此类设计中，我们是可以运用独到的方法解决问题的。这依靠的是工具和工作方法，并不仅仅是个人的天赋和能力。正如巴勃罗·毕加索所说，灵感的确存在，但它只有在你工作的时候才会出现。好的想法和设计、重要的措施及新的解决问题的方案是经过观察、分析、思考和讨论之后而产生的。

第一节　灵感

在着手设计之前，设计师必须全力以赴地专注于设计灵感来源的探索和研究工作，因为这些资料极有可能会被运用到新的服装产品的设计中去。

正所谓“艺术源于生活”，灵感更是如此。灵感的来源可以是任何的东西和事物（图 3-1 至图 3-6），大到天空、星辰、大海，小到尘埃与水滴，以及已有的艺术作品等所有我们能看到或者想到的东西。所以，人物形象设计在灵感方面的材料来源不仅包含对主题的选择，还需时刻保持五感的敏感度，特别是视觉的敏锐度是把灵感发挥到创造力上的关键因素之一，能够为人物形象设计收集到不同渠道的资料。

书籍、杂志、电影、自然、符号中的人物、摄影、艺术家、科技、神话建筑等，所有的这些探索过程中的收获都可以被收入一个灵感来源板（inspiration board）中。

图 3-1

图 3-2

图 3-3

图 3-4

图 3-5

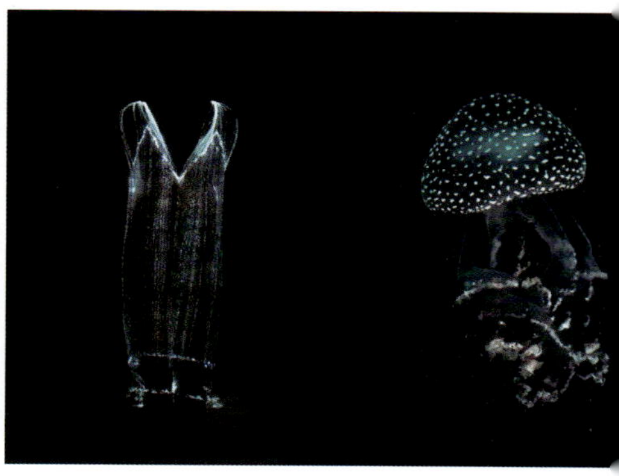
图 3-6

第二节 灵感来源板

最初的灵感来源板可以说就是一个创意收集册，反映了设计师最初的创作过程，用于创意的收集和设计的自由延展。作为一个随身携带的工具本，它可以帮助设计师收集灵感的素材并且能随时随地绘制图样。

灵感来源板上主要记录的内容有两个方面：

一、观察

主要记录一些来自外部的信息，例如一些杂志、文章、广告、图片等（图 3-7 至图 3-10）。

图3-7

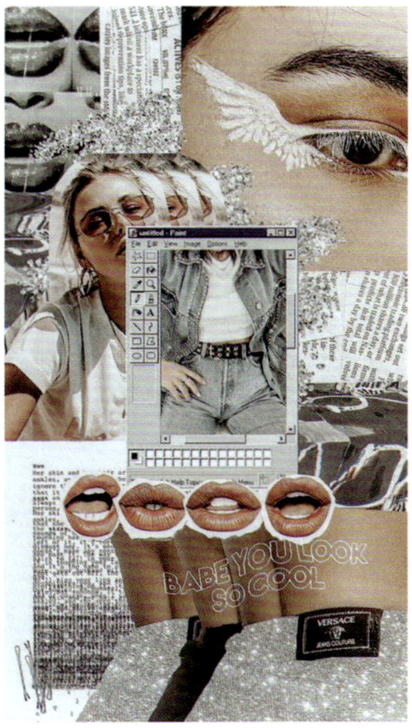

图3-8

图3-9

图3-10

二、创作

通过记录文字或者绘制图画在纸面上表达原创理念（图 3-11）。

图3-11

不同的记录内容，使用记录的方法也是多种多样的，最常用的方法有剪切、黏合、绘画和组合时进行的拼贴。这完全取决于设计师的个人习惯并由设计师自行决定（图 3–12、图 3–13）。

图 3–12

图 3–13

我们可以由此得到一个确定的设计主题和大致设计的方向，以此来进行下一步的情绪板（mood board）的制作。

第三节　情绪板

情绪板与灵感来源板看似相同却又不相同。前者更注重与最终的设计进行结合，表达整体的设计思路及诠释整个设计主题。它将灵感来源板上的内容加以解释与整理，让设计师与灵感素材之间形成一个特定的交流模式，并且明确了特定设计风格在筛选、确定中的步骤。

情绪板的目的是整合所有灵感来源板里的设计元素，并且在整合的过程中允许超出创造者或者设计师的最初设想。它是一个引导方向，在这些基础上任何人都可以设计。所以简单地说，情绪板包含对使用对象资料、色彩、影像或其他材料的收集，以及收集来的资料相互作用引起的某些情绪反应（作为设计方向与形式的参考），重点是形态（图 3–14 至图 3–19）和颜色（图 3–20）。

情绪板被设计师或设计团队使用，它有助于服装系列无形价值的发展与内涵的表达，并且能够使创作团队清楚了解服装要表达的主题（图 3–21 至图 3–23）。

情绪板的制作方法

1. 整理灵感来源板的内容，确定设计主题并提取设计元素。

2. 使用图像展示生活风格、情感、行动，并定义关键词。其图像来源于前期的灵感来源板，如杂志、拍摄的照片等。

3. 使用色表、剪纸或打印出色块，展示你的色彩组合。

4. 手工拼贴，或者电脑合成后打印出来以供展示。

情绪板中的图像代表了我们心中的使用者的意向、色块跟色盘测试中萃取的组合、图像的风格与情感感受，以及整个设计的情感倾向与内涵（图 3–24 至图 3–26）。

图 3-14

图 3-15

图 3-16

图 3-17

图 3-18

图 3-19

图 3-20

图 3-21

图 3-22

图 3-23

图3-24

图3-25

图3-26

练习题

根据自己所喜欢的风格，收集灵感图片，并制作一张灵感来源板。

根据自己的灵感来源板，确定人物造型设计的主要色系，并提取灵感元素制作情绪板。

参考文献

玛卡雷娜·圣·马丁．如何成为服装设计师[M]. 徐凡婷，译．北京：中国纺织出版社，2013.

第四章
人物形象设计基本构成——头部造型

人物形象是人的精神面貌、性格特征等的具体表现，并以此引起他人的思想或情感活动。“形象”一词，1950年起源于美国，在当时美国社会各阶层中，人们对于自身的形象十分看重，尤其是工商企业界及政界人士纷纷有计划地塑造良好的个人形象。头部造型，是人物形象设计中的“容貌美”，是主要针对五官和发型进行的形象设计。头部造型是整个人物形象设计的一个重点，主要包括：发型艺术、皮肤护理、五官造型。

第一节　发型艺术

发型在人们生活中占着举足轻重的位置，一个人的头部形象展示，发型占的比例是3/4。现代生活中的发型已不仅仅是人们出于劳动、生活及社交礼仪等方面的需要，还是人们在个性形象方面的一种展现。现代的发型是人们根据不同的需求和愿望，为了达到特定的效果、体现不同的个性和不同的审美标准而设计的。

一、发型与脸型的关系

选择一款适合的发型，可以完全改变脸的形状。每个人的脸型各有千秋，表现出来的形象也各不相同，所以发型要符合脸型的自然形态，同时要弥补脸型的缺陷。但是很多人不确定自己的脸型特征，因而不能确定自己的发型。下面我们将用中国汉字的形状来概括脸型特征，并进行分析。

（一）圆形脸，即“田”字脸

圆形脸的人双颊与下颌都很丰盈，使人感觉非常可爱。纯粹圆的脸型不太多见，有的脸型可能是偏方的圆，有的是偏“由”字形的圆，有的是带“国”字形的圆。圆脸型的女性会显得比较甜美、可爱和年轻，但是遗憾的是，面部线条缺乏一点儿力度。要想改变圆形脸的印象，要以个人的性格特征和审查比例为前提来考虑，有时可以试试因势利导的方法。比如长相甜美、单纯、可爱，圆圆的脸、个子不太高的女性，选择带刘海的娃娃发型，会给人留下深刻而美好的印象。而脸型过于浑圆的女性，宜选择呈V字形状的简易发型，使头部上端的发量丰隆、饱满，发脚部位的发量收缩、延伸。（图4–1）

在选择装饰时应避开圆式样的，尽量佩戴一些长条形、三角形等有长度的饰物。

图4–1

（二）方形脸，即“国”字脸

方形脸包括“由”字形、“国”字形等接近“田”字形状的脸型。方的脸型给人端庄稳重的印象，但是缺乏一点儿生动的感觉，过于方的脸型还会显得有些呆板。方形脸的人前额宽广，下颌颧骨凸出。方形脸可以选择椭圆形的冻干式的发型、不对称的几何发型，不建议选齐耳短发、半满的短烫发等样式，这样会产生头部体积过大、脸型过于平面的感觉。简单的方法是采用偏分和有动感的卷或波浪发型来改变视觉效果，利用头发的自然弯曲来遮住方形脸的四角，冲淡方形的直硬感，使之变得柔和、生动。（图4–2）

较长的项链适合这类脸型，同时在选择耳饰时应避免棱角分明的饰物，而应选择椭圆形或卵形的耳环，从而体现较强的女性柔美感。

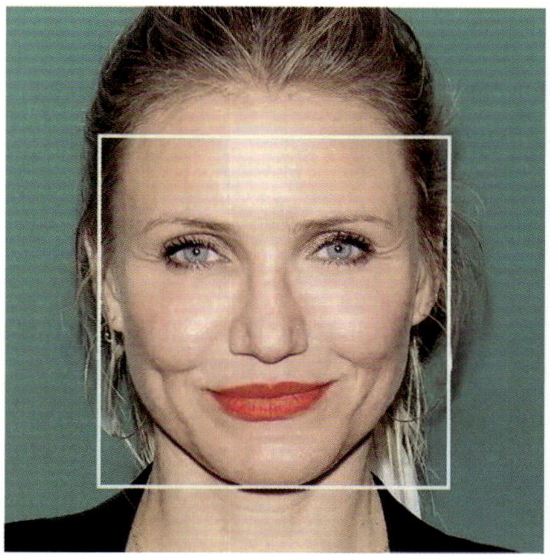

图4-2

图4-3

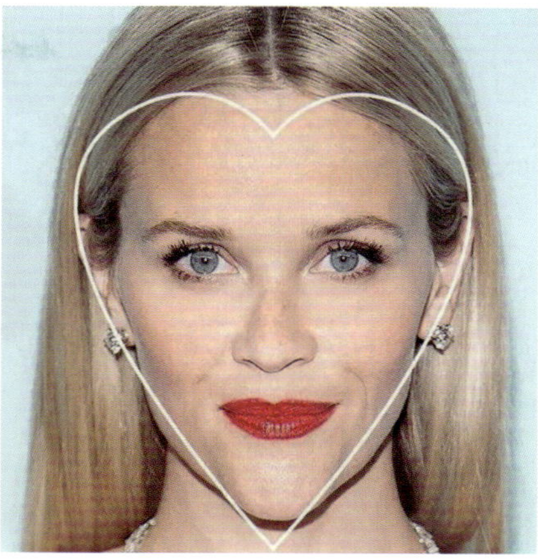

图4-4

（三）长方形脸，即“目”字脸

长方形脸的显著特征是额头长而宽，颧骨低平、下颌方正。适合头部两侧丰隆的发型，圆形、椭圆形发型都可使偏长的脸型线条显得稍短。长方形脸从线条上来看，比较有棱角感，骨感强，给人冷静、轻柔的感觉。（图4-3）

这种脸型的人要善于用刘海遮盖住宽阔的前额，两侧应向外理成蓬松状，以加强脸的宽度，减少脸形瘦长的印象，造成丰满的视觉效果。这种脸型更适合烫发设计，可使头发蓬松，增加柔和、动人的美感。

（四）倒三角形脸，即“甲”字脸又叫心形脸形

在日常生活中我们称脸大（下颌骨大）为正三角形脸，反之则为倒三角形脸。倒三角形脸的特点是眼睛、眉毛、额头这部分比较宽，从脸蛋儿开始慢慢窄下去，颧骨较高但不明显，下颌线收窄呈尖尖的下巴。（图4-4）

倒三角形脸基本上适合任意发型，只是这类型的下巴都比较短，最好让下颌两侧的头发看起来较蓬，而在上额两侧的头发较为服帖，以视觉平衡的方式来修饰这类脸型的困扰。即收紧上轮廓，使之紧凑、服帖，使脸部上下产生均衡感。

（五）菱形脸，即“申”字脸

这种脸型具有额头窄、颧骨高、下颌窄的特点，所以不建议选择呈菱形的发型。东、西方人对菱形脸的感觉是不一样的。西方人觉得菱形脸显得很有骨感美，很性感，而东方人特别是我们中国人却认为菱形脸的颧骨太高，不好看，甚至还有一些迷信的说法。其实只要适度地把握自身的整体感觉，菱形脸也可以是很有味道的脸型。（图4-5）

这种脸型的人最忌讳留短发，尤其是超短型的运动头。这种两头尖尖、中间略宽的如橄榄球的脸型，不具备女性的柔美，应采用波浪形来弥补有棱角的感觉，淡化脸部的竖线条，促使脸型变圆或椭圆。

图4-5

饰品上，可选择围巾来调和脸部线条，或佩戴细而短的项链，会产生意想不到的效果。

（六）椭圆形脸，即特殊脸型

东方女性心目中最理想的脸型，即：从额上发际线到眉毛的水平线之间的距离约占整个脸的三分之一；从眉毛到鼻尖又占三分之一；从鼻尖到下巴的距离也是三分之一；脸长约是脸宽的一倍半，额头宽于下巴。也有人称其为标准的鸭蛋形脸。这种脸型一般来说可以配任何一种发型。但是，选择最佳发型则要考虑其他因素，如年龄、侧面轮廓、两眼之间的距离及是否戴眼镜等。（图 4–6）

拥有椭圆形脸的女性，选择任何式样的首饰都是适合的。如果佩戴中等长度的项链，这种项链在颈上形成椭圆形状，会更加衬出脸的优美轮廓。

图 4–6

二、头发的护理和常识

想拥有完美适合的发型，必须得拥有一头健康的秀发。要拥有弹性、张力、光洁、动感的头发，必须了解头发护理的常识。首先，了解头皮的属性，头皮主要分为油性和干性两种。

（一）油性头皮

油性头皮主要症状为：一般头皮的油脂腺分泌比较旺盛，分泌物是油脂和含脂肪的物质，并迅速地遍布每一丝头发的根部。即使刚洗过不久，头皮还是会很快变得油油的。有的人在青春期时脸上长暗疮，头发也非常油腻。这种症状学名为“油性头屑”的“隐形头屑综合症”。

头发起油的原因是皮脂腺对某种激素过敏。没有任何东西可以改变这一点，但用适当的美发化妆品和正确的做法可以加以控制。拥有油性头发的人最好减少油腻食物的摄入，尽量多吃一点水果和蔬菜，而且要比一般人多喝水，这样会有助于减少皮脂腺分泌。另外，一定要选用很温和的洗发水；护发素方面，最好是用有收缩效能的，有助于收缩头皮毛孔和减少皮脂分泌。例如你可以亲自动手，用一盆温水把醋稀释，然后用它来冲洗头发，这样可以减少油脂并使头发更有光泽；若是使用在市面上已制成的护发素，则要谨记应当把它涂在头发上，不应涂在头皮上。

（二）干性头皮

干性头皮主要症状为：干性头皮屑像米糠那样，粒子又小又白，散布在整个头皮上，重量也很轻。所以每动一下，它就会散落在肩上。干性头皮屑还会引起瘙痒，另外一个麻烦是头皮常会紧绷、痒痛。产生干性头皮屑是由于头皮过于干燥。不正确的洗头也会引起头皮屑的产生，勤洗头会导致头皮皮脂的减少，头未洗干净而残留物造成的刺激也会引起头皮屑的产生。经常使用吹风机、发胶类产品也会导致头屑的出现。

护理的办法：洗发水、护发素的选择和使用的方法十分关键，要到正规商家去购买适合自己发质的洗护产品。干性头皮适合用有机茶油、芝麻油、椰子油、棕榈油等植物油清洗产品，这些产品一般不会造成毛孔堵塞，且有很强的滋润作用。

在正确地选择了适合自身头发条件的产品以后，还要掌握正确的洗发方法。先把头发梳理通顺，再用水湿透。水温最好根据发质而定：油性发质的水温可适当调高一些，方便去除油性；干性发质的水温不要过高，就和洗浴时要以每个人皮肤质地不同而水温不同一样，以免使头发更加干燥。

第二节　皮肤管理

完美的化妆造型基于完美的皮肤，如果面部的皮肤粗糙、干燥、脱屑或者细纹密集，势必会影响到化妆的效果。在现代生活中，化妆已经成为人们美化自身形象不可缺少的手段。尤其是现代女性逐渐意识到个人整体形象的重要性，往往在日常生活中非常注重化妆，甚至不惜付出大量时间和金钱，然而却往往忽视了自己皮肤的保养。很多人都存在着不了解自己的皮肤状况，化妆之后不注意皮肤的彻底清洁等问题，因此，皮肤的状况越来越糟糕。这样，任何化妆品都掩盖不住皮肤的糟糕状态。要想拥有美丽的容颜，皮肤护理应放首位。

一、皮肤护理

随着年龄的增加、生理的变化和外部环境的影响，即使再完美的肌肤都会老去，怎样科学地进行皮肤的护理尤为重要。下面将介绍皮肤的基本结构及不同皮肤类型的护理方法。

（一）皮肤结构

皮肤是人体最大的器官，人的皮肤分为三层：表皮、真皮、皮下组织。皮肤对人体器官起到保护的作用。（图 4–7）

1. 表皮

表皮是皮肤的浅层结构，由复层扁平上皮构成。从基底层到表面可分为五层，即基底层、棘层、颗粒层、透明层和角质层。

（1）基底层

基底层位于表皮的最深层，借基膜与深层的真皮相连。基底层是一层矮柱状上皮细胞。细胞较小、排列整齐，胞核呈卵圆形，胞质中常含有黑色素颗粒。矮柱状上皮细胞之间有黑色素细胞。黑色素细胞略呈圆形，有树枝状突起，胞核较小，能产生黑色素颗粒。黑色素颗粒的多少与皮肤颜色的深浅有关。黑色素颗粒能够吸收紫外线，使深层组织免受紫外线辐射而损害。基底层的细胞分裂比较活跃，不断产生新细胞并向浅层推移，以补充衰老、脱落的角质细胞。

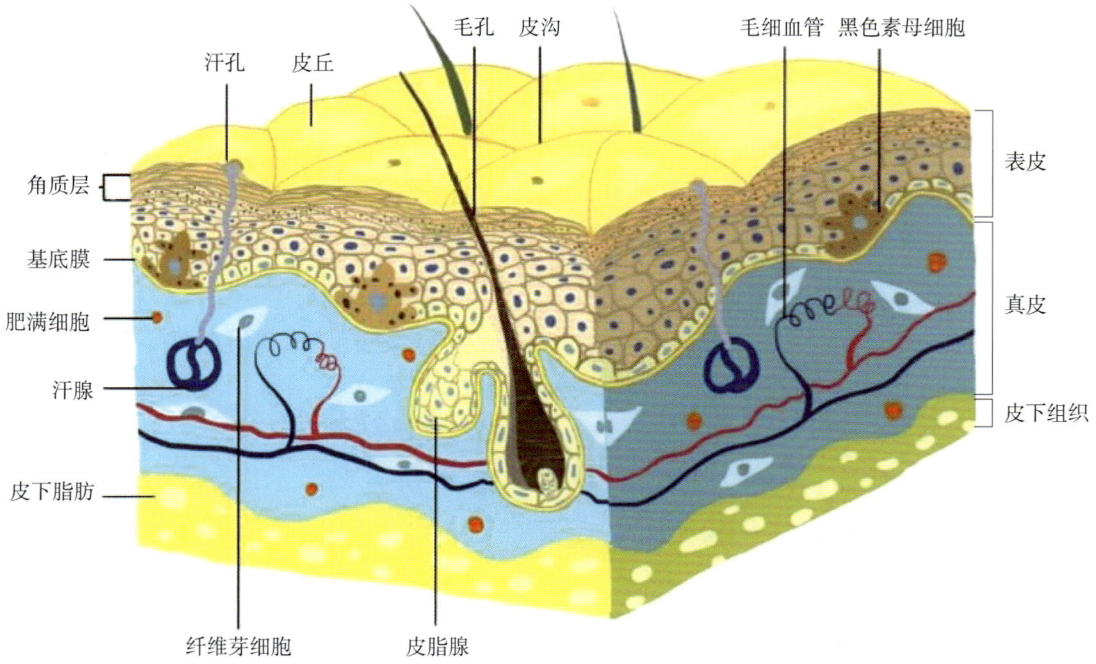

图 4–7

（2）棘层

棘层位于基底层的浅面，由4~10层多边形细胞组成，细胞较大，有许多棘状突起，胞核呈圆形。

（3）颗粒层

颗粒层位于棘层的浅面，由2~3层梭形细胞组成。胞质中有大小不等的透明角质颗粒。

（4）透明层

透明层位于颗粒层的浅面，由2~3层无核的扁平细胞组成。胞质中含有嗜酸性透明角质，它由颗粒层细胞的透明角质颗粒变性而成。

（5）角质层

角质层位于表皮的最浅层，由几层到几十层扁平无核角质细胞组成，细胞质内充满嗜酸性的角蛋白，对酸、碱、摩擦等因素有较强的抵抗力。角质层的表面细胞常呈小片脱落，形成皮屑。

2. 真皮

真皮层真皮位于表皮的深面，由致密性结缔组织构成，分为乳头层和网状层。

（1）乳头层

乳头层在表皮基底层深面，形成许多乳头状凸起，称真皮乳头。乳头层内的胶原纤维较细，弹性纤维较少。真皮乳头内含有丰富的毛细血管、神经末梢和触觉小体等。

（2）网状层

网状层在乳头层深面，与乳头层没有明显的界线。网状层胶原纤维较粗，弹性纤维较多，细胞成分较少。纤维束纵横交错呈网状，使皮肤具有较强的韧性和弹性。网状层内有小血管、淋巴管、毛囊、皮脂腺、汗腺、神经末梢和环层小体等。

3. 皮下组织

皮下组织其纤维与真皮相连接。皮下组织即浅筋膜，由疏松结缔组织构成。纤维束交错成网，内含脂肪组织，较大的血管、淋巴管和皮神经等，其中，纤维组织的含量因年龄、性别和部位的不同而异。常用的皮下注射即注入此层，而皮内注射则注入真皮层。

皮肤包在整个身体表面，是人体的重要器官之一。它具有保护、感觉、调节体温、分泌排泄和吸收的作用。皮肤覆盖在人体的表面，保护身体，抵抗热、冷及阳光等自然因素的损伤，同时防止水分和化学物质的渗透及细菌的入侵。

（二）皮肤类型及护理（图4-8）

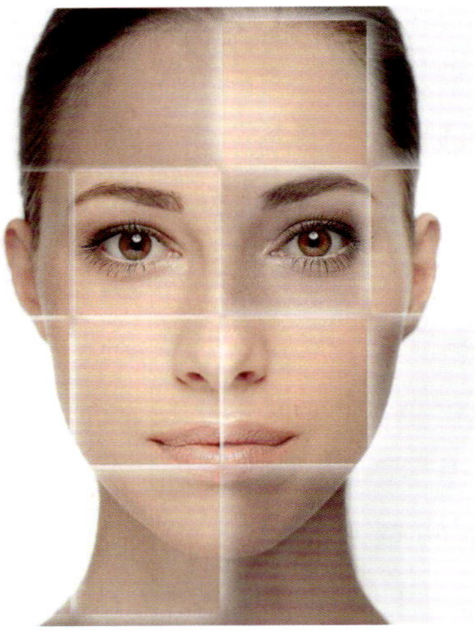

图4-8

由于遗传、年龄、种族、生活环境等不同因素的影响，每个人的皮肤性质各不相同。如果不了解自己皮肤的性质，用了不适合的化妆品，会引起不良反应。例如，干性皮肤的人使用了收敛性化妆水，将会使原本就干的皮肤变得更加粗糙。

1. 油性皮肤

油性皮肤是皮脂腺太活跃的结果，其表现为面部油亮光泽，就像涂了一层油似的，T区部位尤为明显。油性皮肤色素较深，为淡褐色或褐色，甚至为红铜色。毛孔粗大、有黑头、皮肤油腻光亮，化妆后易脱妆，甚至出现橘皮样外观，其pH值在5.6~6.6之间，很容易黏附灰尘和污物，引起皮肤的感染，产生粉刺和痤疮等。这类皮肤的优点是不易过敏，不易衰老、起皱。此类皮肤大都为年轻人，另外广东、福建等地区的人都属于偏油性皮肤，因气候偏热，油脂易外溢。

油性皮肤可分为普通油性和超油性两种。这类皮肤对物理性、化学性及光线等因素刺激的耐受性强。油性皮肤多由遗传所致。但是，如果人们睡眠不足、情绪波动大或是饮食不规律，也会形成油性皮肤。

油性皮肤的人选择化妆品时，应选择含油少，对油性皮肤有中和作用的产品。并且要注意勤洗脸，选择清洁力、杀菌力很强的洗面奶。要使敞开的皮肤收敛，须使用具有收敛作用的酸性化妆水，同时可抑制皮脂的分泌。

2. 干性皮肤

干性皮肤肤质细腻、较薄，毛孔不明显，皮脂分泌少而均匀，没有油腻感觉。由于油脂、水分分泌不足，抚摸时会有紧绷和粗糙的感觉，并且有许多小皱纹，皮肤缺少柔软性和润滑性。干性皮肤最明显的特征是：皮脂分泌少，皮肤角质层水分低于10%。毛细血管浅，易破裂，对外界刺激比较敏感，皮肤易生红斑。其pH值在4.5~5之间，可分为干性缺水和干性缺油两种。

干性皮肤的优点是，皮肤比较干燥，看起来显得清洁、细腻而美观。成年女性中属于此类皮肤的人约占80%。江浙沪一带及北方的女性，因地理环境的影响，都属于偏干性皮肤。

对待干性皮肤，要花费一些时间和精力，给予特别的护理。在选择洗面奶时，要注意选用刺激小的；用温水洗脸；还可以用蒸汽熏蒸面部来增加皮肤的湿度。每次洗浴以后，可用有利于改善皮肤性质的营养霜，如买一些面部用的维生素E油脂霜涂脸，以尽快改善皮肤。

3. 中性皮肤

中性皮肤由于皮脂和水分保持正常而平衡的状态，因而是较健康、理想的皮肤，例如婴儿皮肤属于中性皮肤。中性皮肤通常又称为正常的皮肤，其pH值在5~5.6之间，不油腻、不干燥，富有弹性，不见毛孔，不容易老化。多见于发育期前少男少女，婴幼儿及保养好的人。15~20岁为人的一生中皮肤的最佳期。

中性皮肤的特点是组织紧密、光滑细腻、触感柔软又有弹性，因此要选择一些性质混合的化妆品进行保养。但此类皮肤易受季节变化影响，夏天偏油腻，冬天偏干燥，因此中性皮肤不能因为它是正常肤质而不重视，应该视季节的不同进行正确的保养，令皮脂腺和汗腺的分泌通畅，以保持皮肤的良好状态。充分注意饮食和睡眠，心情舒畅，以保持皮肤松紧适度。如果不注意保养，中性皮肤会变成干性或其他类型皮肤。因此，中性皮肤也需要保养和护理。

要保护好皮肤，还要坚持做一些美容保健体操，多运动，促进皮肤的新陈代谢。睡前进行5分钟按摩，以使血脉畅通，对保持皮肤健康很有帮助。

4. 混合性皮肤

混合性皮肤是最常见的一种皮肤，80%的亚洲女性都是混合性皮肤。

混合性皮肤兼有油性皮肤和干性皮肤的两种特点，主要是在人的脸上不同部位的皮肤表现出不同的状态。如前额与鼻部皮肤较油，被称为“T”区较油，而两颊尤其是眼部较干燥、多皱纹。混合性皮肤多见于25~35岁的人。我国大部分人都属于此类皮肤。现在，混合性皮肤的人越来越多了，有一部分人是因压力而变成混合性皮肤，还有一部分人以前是中性皮肤或油性皮肤，随着年龄、环境等改变而变成混合性皮肤。

混合性皮肤的人，首先应当经常保持脸部的清洁，尤其是出油的地方。要注意用面巾纸，将多余的油脂擦去，再用去油脂的洗面奶和温水清洗整个脸部。

5. 敏感性皮肤

敏感性皮肤是一种在外界因素作用下，极易出现无菌性皮肤发红、发痒的肤质，此类肤质对一种或几种物质过敏，容易起疹、斑点、肿块等。有这种皮肤的人不超过10%，她们多属于先天性皮肤脆弱者。同时敏感性皮肤容易因饮食、情绪或所用的美容用品，导致皮肤表面干燥、发红、起斑点、浮肿、脱皮或生暗疮等。

敏感性皮肤者早上洗脸后，宜选用混合而标注不含酒精的爽肤水来调整皮肤，然后用无色、

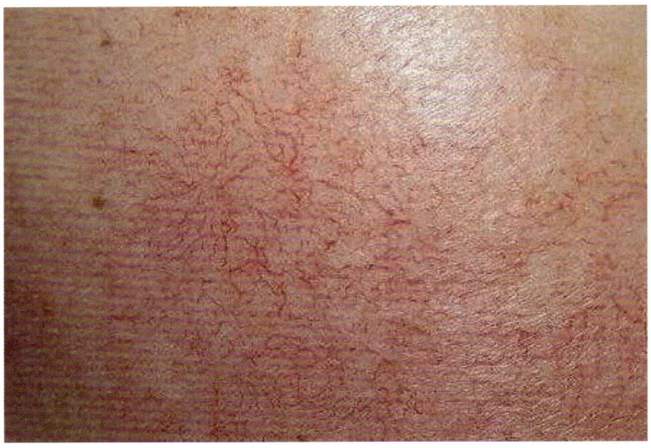

图4-9

味道淡雅的护肤品来保养。尤其注意只用习惯了的化妆品和无色、香味淡的化妆品，不宜过于频繁地调换。如要调换，可先在手臂内侧做试验，证明不会过敏后才能使用。

6. 问题性皮肤

问题性皮肤往往和皮肤病有千丝万缕的联系，其具体表现与皮肤病不同而存在差异，但外观上不外乎有凹凸不平、颜色不一的特点。该类皮肤有痤疮、黑头白头（粉刺）、雀斑、黄褐斑、汗腺瘤等。

问题性皮肤者必须要到相关医院请医生诊治，有条件的应坚持到美容医院进行电子护肤治疗，利用高新技术和正确的按摩、护理方法，有效地抑制暗疮生长。

二、阳光与皮肤

人的健康离不开阳光，适当地接受温和的阳光照射，可以促进身体内维生素 D 的形成，从而令人精神良好并增加身体对疾病的抵抗力。但过度“享受”阳光，皮肤会被晒黑甚至被灼伤，这是紫外线的副作用。不同波长的紫外线对皮肤的作用不一样。长波紫外线对身体有益处，虽然能够直接导致色素积淀、晒黑皮肤，但不会令皮肤产生红斑；中波紫外线会使人中暑及产生红斑；短波紫外线不能进入大气层，因而不会导致色素沉淀，即不会晒黑皮肤。紫外线透入皮肤的深度取决于紫外线的波长，而大约有 5% 的中波紫外线及 10% 的长波紫外线会进入真皮的最底层。

当紫外线辐射进入基层的皮肤细胞时，细胞核中的脱氧核糖核酸便会产生变化，使细胞在分裂生长过程中出现不正常现象，长年累月地晒太阳会令皮肤细胞越来越不健康，并且日益严重。因此，阳光对皮肤的影响是具有积累性的。

皮肤在被紫外线照射后几个小时内开始变化，表皮的角质蛋白细胞在以后数天会迅速分裂生长，令最外层的表皮加厚至原来的 4 倍。这层厚表皮会吸收部分紫外线，将其转化成热能而散布到四周的细胞之中，从而减少紫外线进入底层脆弱的皮肤细胞。

经过太阳 12 个小时的照射，紫外线会对血管产生作用，令血管扩张，导致血管纤维被破坏，使皮肤产生红斑。纤维细胞是构成皮肤最主要的一种细胞，它们会直接受红斑影响，而在红斑之后可能出现的水肿，亦会间接地影响纤维细胞。长时期的影响会令胶质纤维和弹性硬蛋白纤维永久地被破坏，导致未老先衰，即表皮形成皱纹，真皮失去弹性。

三、护肤与防晒

人类的皮肤有一种天然的保护性色素，称为黑色素。黑色素的多少决定皮肤的颜色。当皮肤暴露在太阳之下，皮肤的颜色便会逐渐变深，最上层的皮肤细胞也会变厚，筑成一道防卫墙，抵挡太阳的辐射。皮肤对紫外线的敏感程度，是因人而异的。黑色素多的人，也就是肤色深的人，抗晒的能力要强于肤色浅的人。

上午 10 时以后至下午 3 时以前，阳光最为强烈，而皮肤对紫外线的敏感度也最强。如果经常在这段时间内让皮肤暴晒在阳光下，容易伤害皮肤。

大部分人的皮肤，对紫外线照射的承受都有一定的限度。每天晒太阳的时间最好在三小时左右，如果长期超时暴晒，皮肤容易变得粗糙，出现色斑、晒斑等，影响美观，使人过早衰老。

如果因工作或其他原因不得不长时间暴露在

阳光下，可以采取一定的保护措施。

（一）遮阳

戴遮阳帽、墨镜或撑伞，都可起到一定的保护作用。

（二）涂防晒化妆品

防晒化妆品是在普通膏剂中加入防紫外线膏剂调和而成的。性能良好的防晒化妆品，可以将照射在皮肤上的大部分紫外线反射回去。也有的防晒化妆品可将紫外线滤出。因此，在皮肤上涂防晒化妆品可以在一定程度上减少或避免紫外线对皮肤的伤害。

四、粉刺的形成与防护

粉刺也叫“青春痘”，是进入青春发育期的青年男女常见的一种症状。其产生率，男子约占90%，女子约占80%，发病率较高，但症状有轻有重。粉刺的产生，除了毛孔堵塞、皮脂分泌受阻外，还有内分泌的原因。在青春期，男性荷尔蒙分泌很旺盛，女性黄体荷尔蒙分泌也很旺盛，促使皮脂分泌功能亢进，皮脂排泄增多。当皮脂大量积储在皮脂腔内不能畅通排出时，皮脂中的水分被吸收，浓缩成蜡状的黑色颗粒，受到挤压时可排出豆渣样物质，这就是粉刺。有人讨厌脸上的这种小疙瘩，用手去挤，这样会造成不好的后果。一方面，被挤压部分的皮肤遭受损伤，使脸上留下点点红紫色瘢痕。另一方面，手指和粉刺未经消毒，随意处理会使皮肤受到细菌感染。脸上生了粉刺，要采取积极的护理治疗措施，但更重要的是以预防为主。（图 4–10）

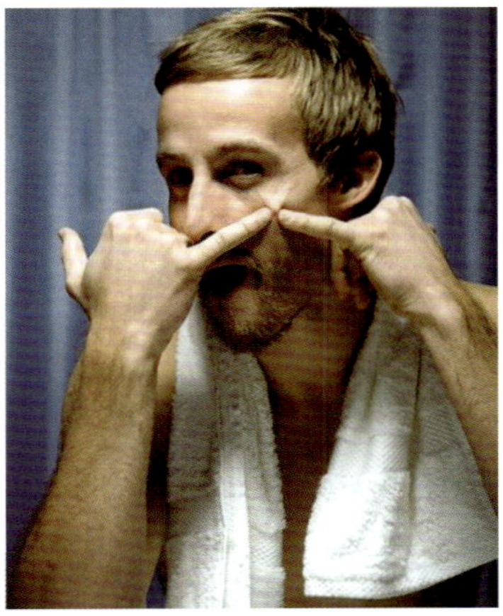

图 4–10

（一）饮食预防

少吃油腻、刺激性大的食物，以减少皮脂的分泌。火腿、香肠等腌制食品及巧克力、咖啡等应少食用。多吃清淡的食物，多吃蔬菜水果及维生素 B_2 和维生素 B_6 含量高的食物。多喝水，保持肠道的畅通。

（二）清洁皮肤

粉刺的形成主要是因为毛孔堵塞，皮脂分泌受阻。因此，要经常保持毛孔的畅通，清除毛孔深处的污垢。定期进行蒸面洁肤或面膜洁肤是使毛孔扩张、畅通的好方法。出汗后要马上用温水洗脸。少用化妆品。

（三）季节性护理

春季和夏季，容易长粉刺。春天，皮肤的血液循环和汗腺分泌都很快，应经常清洗和护理。夏天出汗多，皮肤表面的酸性减弱，会使粉刺化脓，要格外当心。一旦有化脓现象，可涂含硫磺之类的药膏。应遵医嘱服药、用药。

（四）调整作息时间

经常熬夜的人，皮肤的抵抗力会逐渐下降，容易使附在皮肤上的细菌侵入。因此，要适当调整自己的作息时间，保证睡眠的时间和质量。

长了粉刺以后，不要急躁烦恼，要心平气和地加以耐心的护理。保持心情愉快是很重要的。

五、护肤与营养的均衡

科学家认为，在人体中，水占了体重的1/3，其次是蛋白质和脂肪，无机盐所占的成分较少。不管这些营养素在人体内所占的比例有多少，如果缺少了就会发生不正常的现象。例如，食物中缺钙和磷，骨骼的发育就会受到影响；缺乏蛋白质，影响肌肉的生长发育；铁质不够，会引起贫血症等。人的正常发育或是保持体态与肌肤的健美，需要各种营养素，而每一种营养素的功能不同，又不能互相代替，所以在日常的食物摄取中，必须求得营养的平衡。有不少人偏食，也有不少女性害怕发胖而过度节食，甚至引起营养失调，这些都是不足取的。因为破坏营养平衡后，会进一步导致身体内部生理机构受损伤，从而会直接影响到皮肤的质地。因为皮肤的弹性及光泽度，必须由肌肤深处供给足够的营养来滋润并通过微血管将从血液中吸收的均衡营养送至皮肤表面。

平衡的食物、足够的营养，可以维持身体的健康，而健康的身体又是肌肤美丽的可靠保证。

（一）蛋白质

构成身体细胞的主要成分为蛋白质，皮肤也同样由蛋白质组成，若在饮食中不能补充足够的蛋白质，皮肤细胞便无法生存，更难以产生新细胞。皮肤的蛋白质不足，新陈代谢作用迟缓，皮肤就缺乏白皙透明感。蛋白质所含有的大量且必需的氨基酸，不能由体内制造，必须从食物中摄取。蛋白质含量高的食物有鸡蛋、牛奶、牛肉、动物肝脏、瘦肉、大豆、豆类制品、鱼、鸡、鸭、菠菜、虾、酸奶等。

（二）纤维素

植物纤维物质能够清除消化系统内的废物和腐败物质，使血液中的养分不会沾上肠内的废物。因为肠内废物积聚，会导致血液中带有毒性物质。人体在消化过程中，将食物养分中的能量吸收到血液中去，跟肺部的氧气结合，产生生命必要的动力。皮肤和肺部的关系十分密切，当肺部和大脑都存有毒性物质时，皮肤就成了这两个器官抛弃毒物的地方，面部暗疮正是由过剩的酸性物质及饱和的脂肪形成的。要使肌肤健美光滑，必须保持良好的消化功能。纤维素能够刺激胃肠蠕动，使废弃物很快排出体外，减少毒素对肠壁的毒害作用。纤维素的主要来源是新鲜的蔬菜、水果及未经研磨的壳类食物。

（三）维生素

维生素是美化皮肤不可缺少的营养素，各种维生素的美容功效是不一样的。维生素 A 的主要功能是促进各种腺分泌。缺乏维生素 A，人体的汗腺及皮脂腺会萎缩，进而使皮肤变得干燥、粗糙。维生素 A 平时贮存于肝脏内，根据身体的需要而被输入血液，以保证肌肤适应气温及天气的变化，加强身体抵抗寒冷的功能。维生素 A 含量丰富的食物有牛奶、鸡蛋、动物肝脏、肝油、鱼、番茄、胡萝卜、绿叶蔬菜、桃子、李子、香瓜子等。维生素 B 包括维生素 B_1、B_2、B_6、B_{12} 等，各有各的特殊作用。维生素 B 的最大作用是促进人体的新陈代谢，令皮肤娇嫩。如果体内缺乏维生素 B，嘴唇会干裂，皮肤受紫外线照射容易过敏而引起斑疹。富含维生素 B 的食物有：胡萝卜、豆类、牛奶、鸡蛋、牛肉、鸡肉、羊肉、鱼、壳类食物的外皮与胚芽等。维生素 C 可以强血，令血色保持鲜红，可以消除皮肤中的色素沉淀，消除皮肤上的斑点，使肤色洁白，并能使牙齿健强。含有丰富维生素 C 的食物有：绿色蔬菜、柠檬、苹果、番茄、橙、草莓等。维生素 E 最大的功能是促进人体的荷尔蒙分泌，增强肌肉的细胞活力。如果荷尔蒙分泌不足，会使人早衰，容颜憔悴，失去青春活力。

（四）完美的洁面技巧

1. 皮肤的清洁

我们在化妆前要彻底清洁皮肤，只有保持皮肤的洁净，才能保证妆面的持久。无论是哪种类型的皮肤，每天都要做好清洁、保养的工作。如有条件，最好定期做专业的护理。一般性的皮肤清洁用洗面奶就可完成，每个人应根据自己的肤质选择适合自己的产品。（图 4–11）

图 4–11

2. 护肤

在化妆前要对皮肤进行保护与隔离，即一定要进行护肤的程序。最基础的护肤产品有：洗面产品、爽肤水（收缩水、化妆水）、润肤霜（乳液）。

3. 卸妆

卸妆是每天必须进行的，要根据皮肤类型选择合适的卸妆产品。特别是眼部、唇部的清洁要到位，以防长期清洁不当而产生色素沉着。另外，化妆品长时间停留在脸上也会阻塞毛孔，导致皮肤问题的产生。

常见的卸妆产品有：卸妆油、卸妆乳、卸妆纸巾、有卸妆功能的洗面奶等。对于比较难去除的油彩，多用特制的卸妆乳来去除。

图 4-12

图 4-13

第三节 五官造型

一、五官化妆的概念

所谓化妆，是指人们在日常社会活动中，用化妆品以艺术描绘的手法来美化自己，达到增强自信和尊重他人的目的。“化妆”一词本身就含有“装饰技术”的意思。人们可以通过化妆品的运用和描绘的技巧，把面部本身的优点加以发扬，而对自身的某些缺陷和不足予以弥补。

二、化妆的分类

根据化妆塑造的不同目的和不同场合，化妆造型可分为两类：一是生活化妆；二是艺术化妆。

生活化妆包括：生活美容妆、职业妆、现场的新娘妆等。

艺术化妆包括：影视化妆、舞台化妆、摄影化妆、戏剧化妆、梦幻创意化妆、晚宴化妆、电视节目主持人化妆等。（图 4-12）

三、化妆的作用

通过造型化妆，让爱美的人们接触美、感悟美、追求美。化妆的作用表现在以下三个方面：

（一）美化容貌

美丽的容貌能让人们的工作、生活更加愉悦。通过化妆，可调整面部皮肤的色泽，改善皮肤的视觉感受，如蜡黄、粗糙的皮肤可显得白皙光洁；苍白的、无血色的皮肤可显得红润健康。通过化妆，还可使面部五官的比例有很大的改善，根据三庭五眼，让眼睛、鼻子、眉毛等更加有神韵。总之，通过化妆，可突出人自身的个性，表现活泼、文静、庄重等内在的性格特征。

（二）增强自信

我们经常听到这样的话：自信的人才美。可见美本身就包含着自信的因素。化妆在为人们增添美感的同时，也为人们带来了自信。随着社会交往的日益频繁，化妆的作用显得越来越重要。在日常生活中或逢喜庆佳节，精心装扮而倍加自信的人们，会为生活和节日增添更多幸福愉快的气氛。所以适度的化妆能使人更加自信。

（三）弥补缺憾

完美无瑕的容貌不是每个女性都可以拥有的，通过后天的修饰来弥补先天的不足，使自己更漂亮，却是每个女性渴望与可以追求的，化妆便是实现这一愿望的重要手段之一。通过运用色彩的明暗和色调的对比关系造成人的视错觉，从而达到弥补不足的目的。当然，化妆并不适用于所有，对一些突出的缺陷是无法弥补的。（图 4-13）

四、化妆工具

（一）化妆套刷（图 4-14）

1. 眉刷

斜面笔刷，有一定力度。要选择刷毛扁平、不分散的刷子，这样才能更好地表现眉毛不同部位的质感。

2. 高光刷

多为动物毛质，用来强调面部凸出的骨骼结构，修饰内轮廓三庭五眼比例，使面部看上去更立体。

图 4-14

3. 眼影刷

笔刷多为优质天然动物毛。眼影刷有大小号数，一般配 3~5 支就够了，根据不同妆型需要，可自己把握眼影刷的数量。

4. 眼线刷

笔刷面积极小，动物毛质，配合水溶性眼线饼使用，能够刻画出极其细致精巧的眼神。

5. 扇形刷

笔刷为扁平扇面形状，动物毛质地，用来扫除定妆后多余的浮粉。

6. 腮红刷

用于涂抹腮红，刷子面积较大，应选择质地柔软的动物毛质。刷头有圆头和齐头之分。

7. 修容刷

多用于妆容最后的修饰，配合修容饼，是营造面部立体感的笔刷。可配备大、小号两支，可以与深浅不同的修容粉使用。

8. 唇刷

笔刷细小柔软，用于涂抹口红和唇彩，当然也可以用笔的侧峰绘制唇线。

9. 化妆笔套

选择一个皮质或革质的专业化妆笔套，把化妆笔刷按照刷子的大小排列好。每次用过之后都应该把笔好好地保护起来，防止刷毛受到损害。

10. 海绵

选择柔软、表面的孔分布均匀、细腻且弹性大的海绵。海绵的质量会直接影响到底色的效果，最好不要使用质地较硬的化纤海绵。

11. 面扑

选择天鹅绒面的面扑。面扑的质地及表面绒毛的细腻程度会影响最后定妆的效果。

（二）其他工具

1. 睫毛夹

睫毛夹是使睫毛卷翘的必备工具。要选择不锈钢质地的产品，并观察其夹口与橡胶垫是否能够完全吻合，否则极易夹断睫毛。

2. 睫毛刷

这种刷子是用来向外或向上梳理睫毛的，使睫毛看起来根根分明。

3. 睫毛梳

睫毛梳在刷过睫毛膏后用于梳理睫毛。

4. 眉剪

眉剪用于修剪眉毛。注意最好选择刀头微翘起的剪刀，以防伤害到眼睛。

5. 眉钳

眉钳用于拔除多余眉毛，修理眉形。要选择比较紧的眉钳。

6. 美目贴

美目贴用于矫正不对称的眼形，常用来制造双重睑（双眼皮）。建议选择厚度较薄、半透明状的产品，这样的产品会使修正过后的眼型不容易显现出修饰过的痕迹，效果较自然。

7. 假睫毛

假睫毛用于美化眼部，使双眼有神而明亮。大多数为人造毛发所制，有不同的密度和长度，可根据妆面需要选择适合的假睫毛。一般睫毛根部比较软的容易粘贴。

8. 乳胶

乳胶用于粘贴假睫毛。乳胶液态时为乳白色，干后无色、透明，所以不会影响眼部的色彩。

9. 化妆箱

选择一个空间结构合理的化妆箱，把常用的化妆品和化妆工具放置在内，使工作变得更方便、更有条理，也便于携带。化妆箱的质地多样，有皮质、革质、工程塑料、钢板纸等，可根据需要选择。

五、化妆品的选择

形象设计这个行业日益更新，化妆品的种类越来越丰富。要想拥有完美的妆容，必须要选择正确的化妆品，下面以化妆步骤分类的形式将化妆品列举出来：

（一）底色化妆品

1. 粉底

粉底是最常用的底色化妆品，粉底的作用是调整皮肤色调和增强面部的立体感。粉底的基本成分是油脂、水分、色料等。油脂和水分是粉底不可缺少的成分，它可以使皮肤滋润、柔软，并使皮肤具有弹性。粉底成分中色料的多少可以决定粉底的颜色与明度。根据“水分”和“油分”的比例不同，粉底可分为：液态粉底、膏状粉底及干湿两用粉饼。

液态粉底：液态粉底成分中油脂含量较少，水分含量较多。液态粉底的底色比较薄，有透明感，质感较轻盈。如气垫 BB：气垫粉底主打滋润光泽，遮盖力度不强，也很容易脱妆，但是质地轻薄，容易上妆好推开，适合补妆或皮肤好的人使用。（图 4–15、图 4–16）

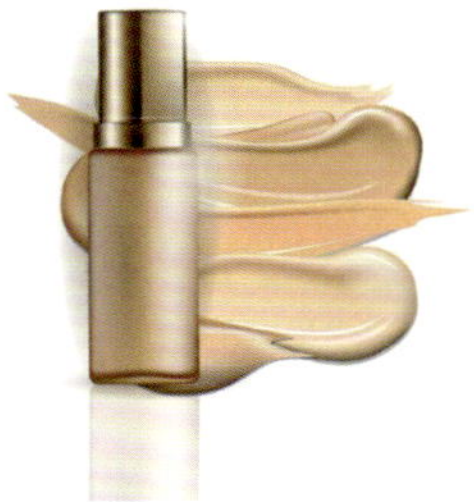

图 4–15

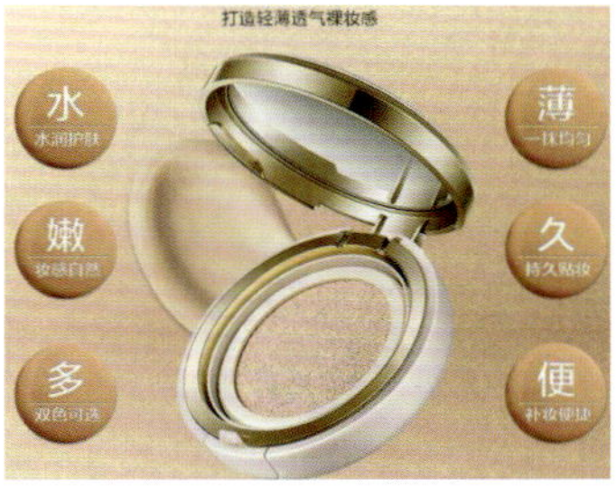

图 4–16

膏状粉底：膏状粉底油脂含量较多，遮盖力强，遮盖效果比较好，待妆时间长，不易脱妆。但这种粉底比较厚重，油性较大，如果处理不好，皮肤容易显得质感不好。（图 4–17）

图 4–17

干湿两用粉饼：干湿两用粉饼在生活中最为普遍，它的特点是干、湿都可以使用，用含少量水分的海绵蘸取，涂抹底色，待水分散失就可以代替定妆粉了。如粉饼也是我们很常见的底妆之一，基本就是把粉进行压盘变成饼状固体，有一定的遮瑕能力。粉饼很适合夏季和大油田肌肤，可以用于定妆和均匀肤色，干湿两用，用起来很方便，但是干皮用起来可能会不太服帖。（图4-18）

图4-18

2. 高光色

高光色也称提亮色，主要为膏状产品、粉状产品，其中以膏状的最为常用。高光色主要分为白色、米色、浅米色、浅黄色等，主要是用于五官的矫正化妆，能够强调面部立体感和调整面部比例，例如用于眉骨、三角区、鼻梁、额头及下颌等不够鼓凸部位的提亮，使其在视觉上鼓凸。高光色在上底色后使用。（图4-19）

3. 遮瑕

遮瑕有液体遮瑕、遮瑕膏等。遮瑕膏是有着特殊用途的粉底。其成分与膏状粉底相似，质地比膏状粉底略干。用来遮盖面积较小的瑕疵，比如很深的色斑、面疱、粉刺，以及其他一些瑕疵，以便使底色更完美，使妆面整体感更强且更加精致。（图4-20）

4. 修颜液

修颜液也称肤色修正液。用来调整面部不均匀的肤色和不好的皮肤色相。用其调整皮肤的色相是利用了色彩学中的补色原理。修颜液通常有紫色、绿色、蓝色等，各种颜色有其不同的作用。

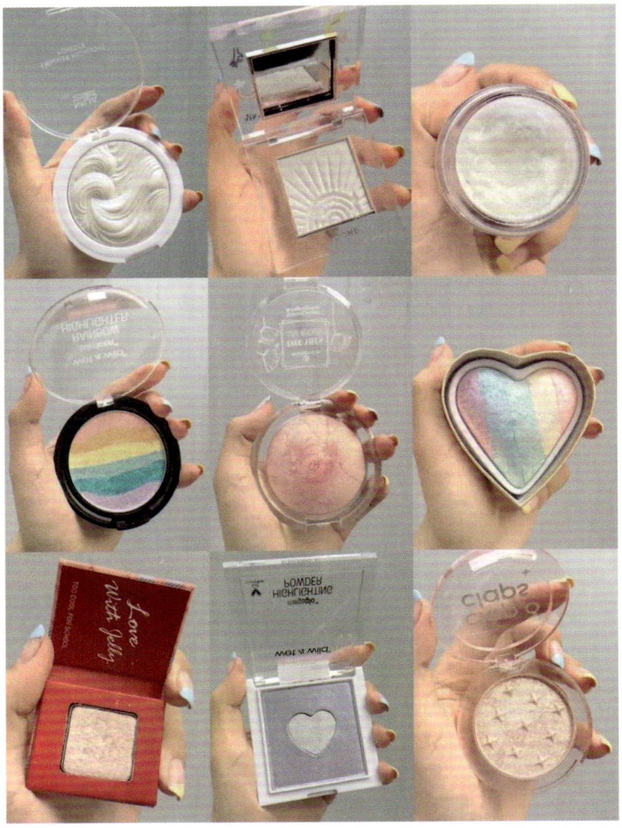

图4-19

图4-20

绿色用来减弱红色，蓝色可以使发红的皮肤看起来淡一些，紫色可以改善过黄的肤色。通过修颜液调节皮肤，可以使皮肤达到色泽健康、均匀的效果。

5. 散粉

散粉也称蜜粉、定妆粉，分为透明、不透明两类。与同样是粉状的粉饼相比，散粉的遮瑕能力很弱，遮不住瑕疵，主要作用是定妆，也可以在涂完防晒品之后用，去掉油光。散粉一般需要配合专用的刷子一起使用，可以打造雾面妆感，也能让妆容更加持久。蜜粉和粉饼外观上区别不大，一般打造的是透明妆感。透明定妆粉令妆面看上去清新自然、薄而透明。不透明的散粉，定妆效果比较好，能够充分地与底色结合。另外，还有不同颜色的散粉，用来进一步调整肤色，与修颜液作用相当。散粉的使用方法是借助粉扑将粉拍按在皮肤上，局部也可用定妆刷定妆。（图 4–21）

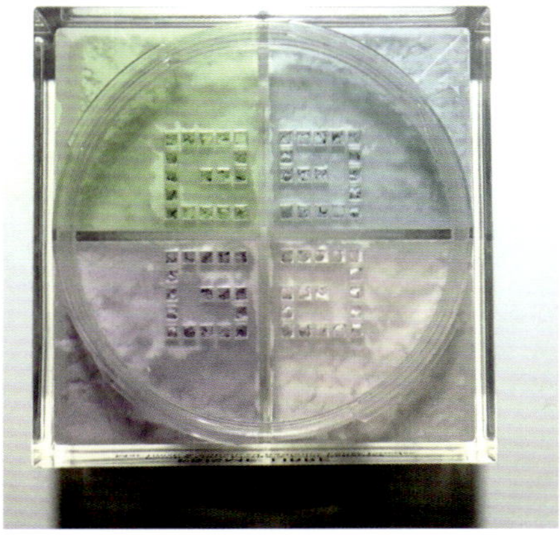

图 4–21

（二）眼部化妆品

1. 眼线液

液体眼线液效果不是很好，层次感不是很强，甚至有僵硬的感觉，但描画出的轮廓边界清晰，不容易晕染。在干透后容易反光，效果不真实，但是颜色分明，色彩浓郁，适合舞台妆。（图 4–22）

图 4–22

图 4–23

图 4–24

2. 眼线笔

眼线笔用于描画眼部轮廓。眼线笔呈铅笔状，笔芯较软，与眉笔、唇线笔类似。（图 4–23）

3. 眼线液笔

眼线液笔综合了眼线笔与眼线液的优点，易上色，不晕染，可浓可淡。（图 4–24）

4. 眼影

眼影的作用是修饰眼形，以衬托眼部神采。常用的有粉状眼影和膏状眼影。粉状眼影为块状，粉质细腻。由于眼部皮肤细腻，因此要选择粉质颗粒细小的产品。粉质眼影色彩丰富，品种多样，有各种颜色和色系。配合妆面使用眼影来强调眼睛轮廓，增加眼睛的神采、神韵，是妆面的点睛之笔。（图 4–25）

图 4–25

5. 眉笔、眉粉

眉笔外形呈铅笔状，质地软、硬均有。在表现眉毛的质感时，笔芯较硬的可以描画出毛发逼真的质感，较软的可以配合眉形刷使用。眉笔的颜色一般选比头发颜色稍浅一度。

眉粉同眉笔一样，用于修饰眉形，也可用棕色眼影代替。眉粉粉质细腻，大致分为棕黑色、棕色、褐绿色等。它的特点是使眉毛的线条、质感比较自然而不僵硬。（图 4–26）

图 4–26

（三）唇部化妆品

1. 唇膏（图 4–27）

唇膏一般分为唇彩、保湿口红两大类。

唇彩：质地透明，直接可拿唇棒涂抹双唇，或直接用唇笔蘸取涂抹，不需要强调唇线，效果不持久。涂出来的效果被有些人批评为“好像偷吃猪油一样”的唇彩，但在女孩子的化妆品中可是抢手货。

图 4–27

保湿口红：油亮度略低于唇彩，是很容易运用的基本化妆品。保湿程度高的口红，尤其对唇部干、脱皮的肤质有舒缓作用。最近的保湿口红除了水亮效果突出之外，其中的秋冬色还增添了不少含珠光、极光的效果。

2. 唇线笔

唇线笔用来勾画嘴唇轮廓，强调嘴唇的立体感。唇形轮廓不完美，唇线不太明显的人可用唇线笔先矫形。笔芯较软的唇线笔有时还可以作为唇膏使用。

3. 唇彩啫喱

唇彩啫喱也称淡彩啫喱，是目前比较流行的产品。该产品呈液态，通常有珠光质感，是透明色唇彩。

（四）面部整体修饰化妆品

1. 腮红

腮红用来修饰颧骨的轮廓，为打过底色后的皮肤带来健康的色泽。使用腮红的位置与脸型、年龄、妆型有密切的关系。腮红的颜色也有很多种，颜色的使用要与整个妆型的色调搭配。

2. 修容饼

修容饼是用于营造面部轮廓的修饰性化妆品（也叫暗影，可以在打底色的步骤中使用）。有膏状、粉末状和粉饼状，多为暗棕色，有不同的深浅度。

目前市面上有单色修容饼，也有双色双修粉饼，浅色和深色分别用来对内、外轮廓进行最后的修饰和强调。

除此以外，还有一些修饰性的辅助产品，比如珠光眼影啫喱、亮粉、各种修饰性的贴片等，都与流行趋势密不可分。

六、脸型分类方法

脸型，是指面部内部轮廓的形态。在前面发

型部分我们已经了解到人的脸型分为圆形脸、方形脸、长方形脸、倒三角形脸、菱形脸、椭圆形脸等。东方人面部脸型轮廓比较“平面”，西方人脸型轮廓比较“立体”。东方人一般认为椭圆形脸最为完美：比例协调、轮廓均匀、线条清晰，所以在化妆时按照这个比例来进行调整。

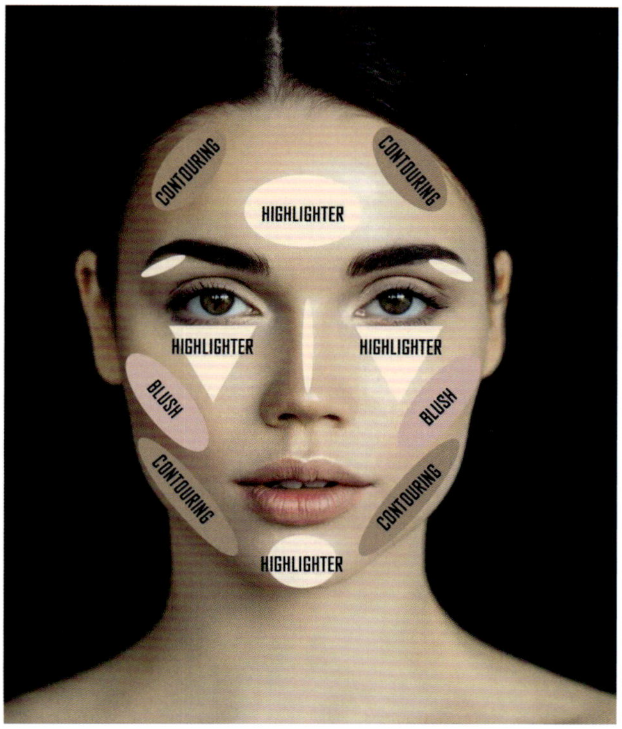

图 4-28

七、通过化妆技巧调整脸型的方法（图 4-28）

（一）圆形脸

矫正方法：圆形脸比较平面，缺乏线条感和立体感，所以化妆时要注意粉底深浅的运用，将面部的轮廓勾画得夸张，富有动感。外轮廓要略夸张一些，尤其注意外轮廓与内轮廓的阴影色对比，逐渐向内轮廓减弱，同时在鼻梁、眉弓的位置加上高光，可以加高眉形、提高鼻梁，达到加长脸型的目的。同时注意眼形不能过长，应画圆一些，眼影的面积不宜过大，上睫毛线可加粗。可用棕色系底色收缩鼻尖。腮红面积不能太大，位置由颧骨外侧至内轮廓斜向扫。

（二）方脸型

矫正方法：方型脸面部线条较硬，要运用底色粉底将面部的线条感模糊化，用阴影色减弱方形脸均匀、呆板的感觉。眉形可用椭圆的 1/2 眉，形状略圆润，让方形脸生动起来，可运用较为鲜艳的颜色搭配眼影与衣服。颊红位置可以提高，突出颧骨的位置。唇形也可画得较圆润。

（三）长方形脸

矫正方法：由于长方形脸的人脸比较长，所以化妆时要注意横向扩宽脸形。内轮廓的底色运用较浅的粉底，外轮廓的底色运用较深的粉底，外轮廓的位置主要在前额发际线边缘及下颌骨边缘，可以使整个面部由长变短。同时眉毛要用平眉，这样会横向拉长脸型，高光三角区横向拉宽，眼影也外侧拉长。颊红的位置在颧骨下面。鼻部不宜做鼻侧影，可将鼻部中间位置提亮。

（四）菱形脸

矫正方法：菱形脸的颧骨比较突出，所以在化妆时，可用暗影色压低颧骨的位置，突出内轮廓。眼影和眉形横向铺开，让眉毛横向发展，较圆润。眼影强调外眼角，可适当地在下眼睑位置加一些眼影颜色。颊红，要在颧骨的位置上运用较深的颜色，使面部中间收缩。

八、五官的修正技巧

每个人的容貌各有千秋，但头、面部的比例是有共同规律的。我常常遇到这样的问题：一个人的五官拆开来欣赏都很不错，但是加在一起看起来就是觉得有点儿不舒服。这就是五官比例的问题，我们把这个比例称为“三庭五眼”。下面首先来了解几个重要概念。

五官分布：从正面观察面部，正常的五官分布是：眼睛在头部的 1/2 处，眼长等于两眼间的距离、等于鼻宽。嘴宽大约相当于两眼平视时两瞳孔垂线间的距离。（图 4-29）

三庭：从发际线到下颌线横向可分为上庭、中庭、下庭三等份。

上庭：上发际线至眉线。

中庭：眉线至鼻底线。

下庭：鼻底线至下颌线。

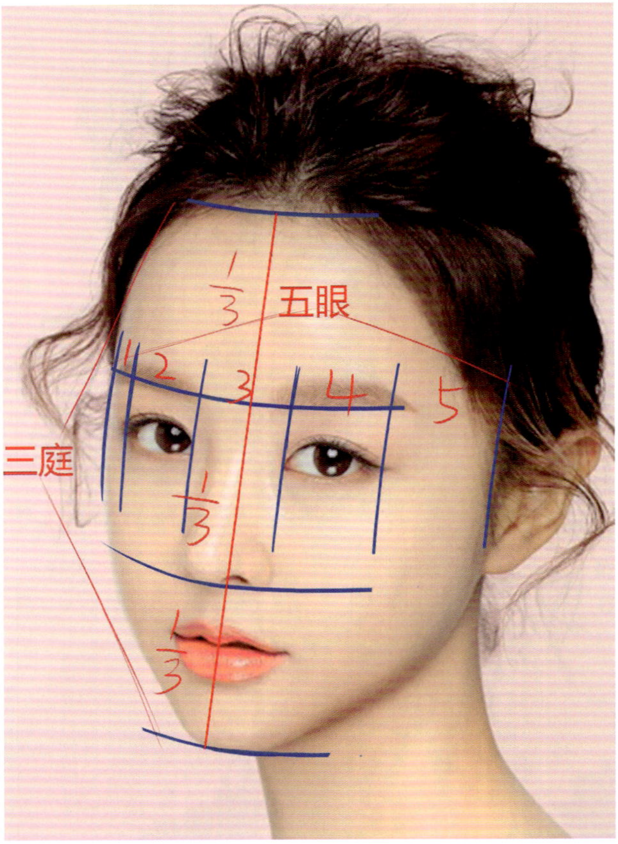

图4-29

五眼：以一只眼睛的长度为衡量标准，把面部横向分为五等份，即从正面看，脸纵向分为五等份。

右耳到右眼外眼角的距离 = 右眼长 = 两眼间距 = 左眼长 = 左眼外眼角到左耳的距离。

下面我们来了解化妆的步骤：

（一）第一步 运用粉底修饰皮肤

粉底的几种画法：

1. 用海绵进行粉底化妆

海绵涂抹粉底，可以使粉底与皮肤结合得更紧密，皮肤吸收好，涂抹均匀，妆面效果较好，同时还可利用海绵的渗透性和吸力吸去面部多余的粉底，消除厚重感，使妆感更加通透。

2. 用手指进行粉底化妆

用手指涂抹粉底可以深入细小部位，如鼻翼两侧、下眼睑及嘴角等部位，可以涂抹得很细致、全面。

（1）倒一滴珍珠大小的粉底液在手掌中，注意要适量，用手指蘸取少量粉底液后分脑门、两颊、鼻尖、下颌五个点涂抹在脸部。

（2）将粉底薄薄晕开。用手指将脸部各个部位的粉底逐一薄薄晕开，可以采用轻拍与涂抹相结合的方式，先将粉底大面积晕开，再将粉底轻拍均匀。

3. 用粉底刷进行粉底化妆

用粉底刷进行粉底化妆，使妆面均匀干净。将粉底刷用水浸湿、浸透；用粉底刷蘸取含水量较多的保湿膏状粉底或液态粉底，将粉底均匀地扫于面部；用粉底刷刷粉底时，应遵循一定的规则：先利用粉底统一肤色，如面部一些较暗的地方包括眼部周围、鼻窝、嘴角等部位，最后再均匀地涂上粉底。

（二）第二步 关于眉的修饰

1. 眉的基本知识

首先让我们来了解一下关于眉的基本知识及化妆方法，这是找寻一款适合自己眉形的第一步。眉的形状取决于：眉头、眉梢与眉峰的位置，眉的弧度，眉的粗细，眉的颜色深浅。

眉头：靠近鼻梁的一端，指向上倾斜、眉毛较粗的部分。

眉梢：始于眉峰，与眉头相对的另一端。

眉峰：眉弓的最高处。这里指原有的眉峰。

2. 选择修眉工具（图 4–30）

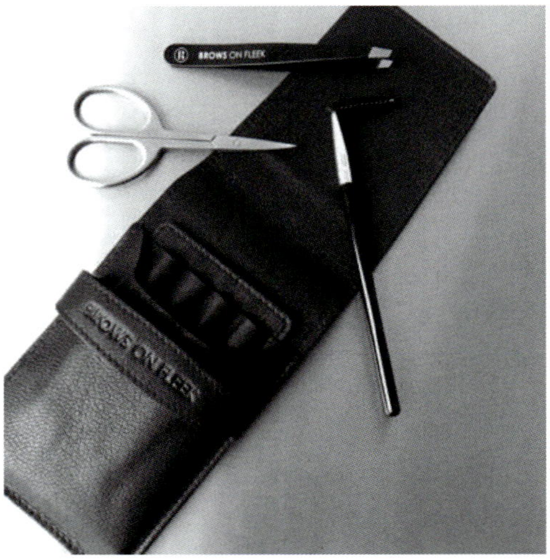

图4-30

眉毛每个星期都需要修剪一次，修眉的工具应选择耐用的产品。

工具包括：眉梳、眉刀、镊子、眉用剪刀。

眉梳应选择梳齿较厚、齿尖较粗、使用方便的产品。

眉刀应选择方便修整细微之处的产品。刀刃短小，使用方便。

镊子应选择前端锋利，使用起来方便的产品。

若要从根部修剪眉毛，眉用剪刀应选剪刀尖部细长且带有圆弧的产品。

3. 修眉

确认眉的形状、粗细，设计眉形。

检查眉头、眉梢与眉峰的位置，首先眉头和眉梢应该在一条水平线上，眉峰的位置最高，眉峰到眉梢的长度是整条眉毛的 1/3。

眉头：把刷柄置于内眼角，向上移动，检查眉头的位置。如果眉头比较靠近鼻子，修剪时应把生长在靠近鼻子的眉毛剪掉。

眉梢：将刷柄置于鼻翼，延长至外眼角，确定眉梢的位置。如果眉梢较短，而且在连结眉头与眉梢后，眉梢的位置相对偏高，则为上扬型（描眉时，要描出眉梢来）。

眉峰：连结眉头与眉梢，并在距眉梢 1/3 处做垂线，确定眉峰的位置。

4. 选择描眉工具

眉粉：效果自然，成功率高，适合初学者使用，但是立体感不强。

眉笔：发挥眉毛的特点，使眉毛的轮廓清晰、明朗。

（三）第三步 修饰眼部

1. 涂眼影起什么作用

眼影的作用是为了提亮眼睛、修饰眼形，配以全妆丰富的面部色彩，会让眼睛看起来很有神。眼影色是指人们在化妆时涂于眼睛部位的各种颜色，分为阴影色、亮色、强调色、装饰色。（图 4-31）

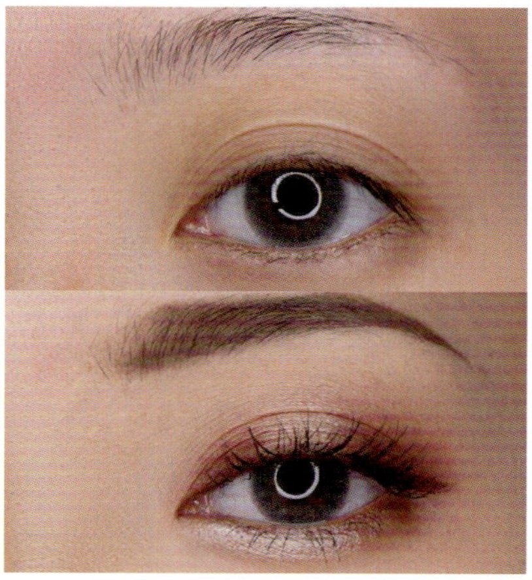

图 4-31

阴影色。在显得窄小、深凹的部位涂用的颜色属于阴影色。阴影色有棕色、土黄色、紫色、紫灰色、蓝灰色、深褐色、暗灰色等。

亮色。希望眼睛的某个局部显高、突出、丰润而涂用的颜色属于亮色。有粉白色、粉红色、灰白色、米色、金色、淡黄色等。

强调色。阴影色、亮色及任何颜色都可以成为强调色。涂强调色的目的就是为了突出某个部位，使之成为被注目的焦点。

装饰色。现代的化妆重视色彩的运用，有矫正眼型的作用，也为了装饰。这个装饰也是为了起点缀的作用。

2. 画眼线的工具和使用方法

眼线笔：铅笔型眼线笔是常用的工具之一，画眼线时要将笔削尖，粗粗的笔头画不出光洁秀丽的眼线。

眼线膏：使用专用的眼线膏刷，使笔尖湿润，然后再配上深灰色或深褐色的眼影，沿着眼睑勾画眼线。

眼线液：眼线液的效果比较明显，颜色很浓。但初学者容易碰脏脸面，因而画时要特别小心。

3. 如何制作双眼皮

内双的眼睛和单眼皮都会使眼睛看起来缺少灵气，在技术上可以运用化妆的技巧弥补这个不足。“美目贴”是一种专门用来粘贴眼皮的半透明胶带。依靠贴在上眼皮上的薄膜状胶带，将下边沿的眼皮撑住，眼皮的上部向下推挤，形成皱褶，以此来扩大眼睑或改变眼形。它可以将单眼皮粘贴成双眼皮，可以将松弛的眼皮提起来，使外眼角下垂的现象有所改善。

4. 粘一对漂亮的眼睫毛

我们亚洲人的眼睫毛比较稀疏，不像欧洲人那样浓密，所以在化妆过程中，我们常常运用粘贴假睫毛的方式将眼睛进行美化。有许多假睫毛制作得十分精致，用于不同的场合。有些假睫毛效果、造型比较夸张，一般用于舞台妆；有些短疏密都十分逼真，在日常生活中使用可以使眼睛更为美丽动人。（图 4–32）

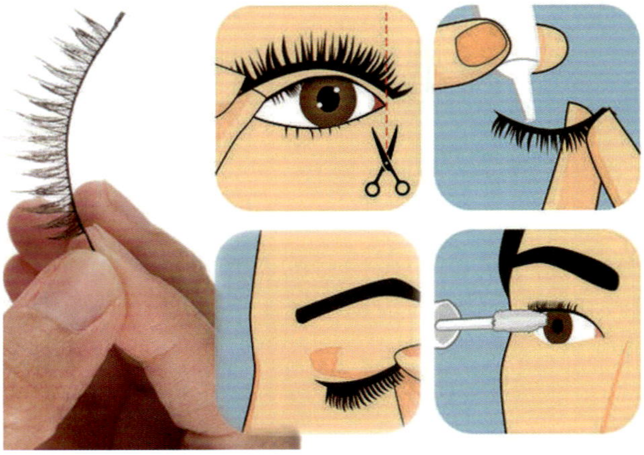

图 4–32

粘贴假睫毛的步骤：

（1）在假睫毛的底线上涂上粘贴胶，胶水不能碰到睫毛。

（2）在胶水将干未干时，将假睫毛紧贴着自己的睫毛根部粘上，注意不要太靠近内眼角。

（3）睫毛较短的一端粘贴在内眼角，较长的一端贴在外眼角上，不要搞错。

（4）假睫毛粘好后不要马上睁眼睛，等胶水完全干后再睁开眼睛。

（5）胶水干后，用睫毛液从自己睫毛的里侧向上涂，即从毛根刷向毛梢。这样做的目的是让真、假睫毛粘在一起，具有真实感。

5. 不同形状眼睛的妆容修饰

眼部的化妆也是面部化妆的重点。眼睛是心灵的窗户，它最能反映一个人的精神面貌。化眼妆的目的是使眼睛更加美丽和富有灵气。其方法一是利用线条的描画勾勒眼形，对眼形进行矫正修饰，表现眼部的立体感；二是通过色彩晕染来强调或弱化；三是可以通过粘贴等综合技巧来对眼部进行化妆调整。（图 4–33）

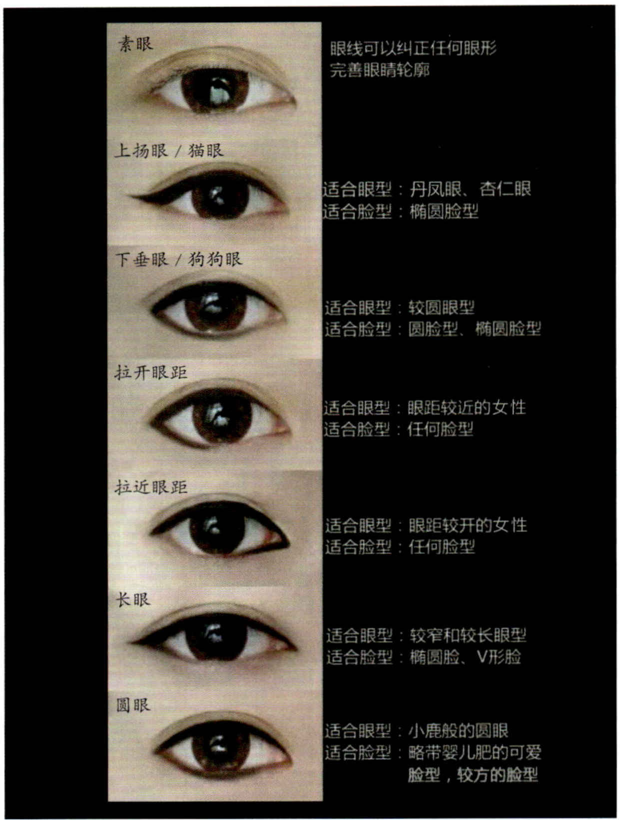

图 4–33

（1）圆眼睛的调整。整个眼睛的形状为圆形，给人的感觉是可爱和机灵，但不太稳重。调整方法：运用拉长眼线的方式将眼睛横向拉长，拉长外眼角，同时运用眼影晕染外眼角，也突出拉长的作用。

（2）丹凤眼的调整。眼睑过小，给人以妩媚、凌厉的感觉，但眼睛缺乏神采，同时也给人平淡无神的感觉。调整方法：运用“小烟熏”的画法，扩展眼睛的大小，可以在上眼睑的边缘使用深色眼影，如选择棕色、咖啡色等。在靠近上眼睑睫毛根部扫得较深，然后向外晕染，慢慢变淡。眉毛不能画得太粗。睫毛线可画得略细，上下睫毛线不闭合，这样有增大眼睛的作用。

（3）肿眼泡调整。肿眼泡是因为眼睑肥厚，骨骼不明显出现的浮肿现象，缺乏立体感。调整方法：睫毛线形状应为两头略宽、中间较细，尽量保持平直，画眼线时注意外眼角略上扬；重点在上眼睑沟处用偏深的结构色表现，晕染面积不能过大，越接近眉腰的位置越浅。眉毛不能太细，最好突出眉峰的棱角，显得眉毛很有生气。

（4）上斜眼。外眼角向上，内眼角较低，有点儿“狐狸眼”的感觉，显得目光锐利、严厉。调整方法：加粗内眼角处的眼线，慢慢延伸外眼角最低的位置，内眼角可选择柔和的颜色，外眼角选择略深、偏冷的颜色，如紫色，产生外眼角下降的感觉，也可适当强调下眼影的晕染。

（5）下吊眼。内眼角高，外眼角低，下吊眼给人感觉忧郁，惹人怜爱。调整方法：应从上眼线与角膜平行的外侧起至外眼角逐渐加宽眼线，可使用深色眼影加重角膜平视外侧，调整眼形。

（四）第四步 各类鼻子的化妆调整（图4-34）

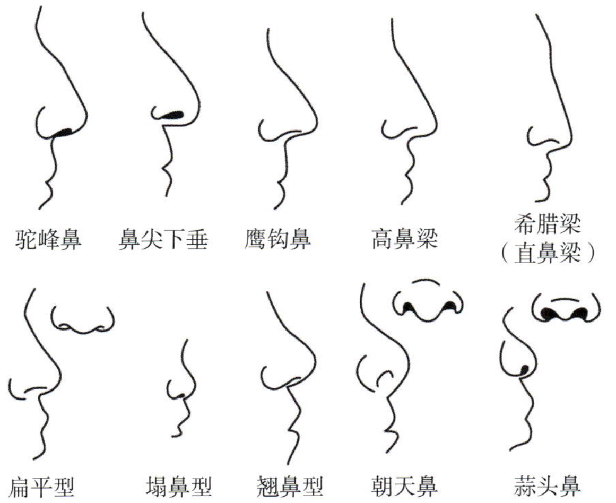

图4-34

1. 塌鼻子的调整

重点是要用鼻侧影来勾画，提高鼻梁的高度。首先打好粉底，鼻侧影从眉头开始勾画，注意颜色要自然晕开，不要显出边缘的痕迹，鼻子两侧也涂上浅棕色的阴影，然后在鼻梁的中间加上白色带珠光的眼影粉进行提亮，使原本低陷的鼻梁凸起来。

2. 宽鼻子的调整

宽鼻子是整个鼻梁都比较粗，显得鼻子比较大，有臃肿的感觉。调整的方法是用眼影笔在鼻梁的两侧勾上两条直线，将眼影刷上的暗影涂上鼻头，尽量呈 V 形，这样鼻子会显得窄一些。

3. 短鼻子的调整

有的人鼻子过短，就显得脸的下半部过长。调整的方法是突出鼻子，用颜色对比让鼻子明显挺拔。用有光泽的珠光粉底对鼻子进行修饰，粉底的颜色比用在脸部的粉底的颜色要浅，然后均匀地轻拍在鼻梁上。

4. 圆鼻头的调整

圆鼻头有点儿显大，特别是鼻翼看起来不够秀气，所以调整的方式主要集中在鼻头。突出鼻尖的高度，需要用暗色的（颜色较深的）粉底在鼻尖的两旁进行修饰，让鼻头突出，这样使圆的变为尖的。

（五）第五步 修饰唇部

理想标准的唇型是轮廓清晰，唇峰凸起，上唇薄、下唇厚，上唇长、下唇短。两个唇峰越靠近越显年轻，距离越远越显成熟。但是并不是所有人的唇型都完美，所以唇部也需要修饰。（图 4-35）

图4-35

1. 嘴唇太厚

有的人是上嘴唇过厚，有的人是下嘴唇过厚，而有些人是上、下唇都过厚。

修饰：将遮盖霜涂于唇的边缘，然后用蜜粉

定妆，接着用较深的唇线笔勾勒唇形。勾画出理想的唇型以后，再用颜色偏冷的唇膏进行填补颜色，这样使厚的嘴唇在视觉色彩上显得收敛。

2. 嘴唇太薄

嘴唇太薄的人显得小气，缺乏圆润的线条美。

修饰：使用唇线笔将唇的轮廓向外扩展，在唇的外轮廓外勾勒一条线条，使上、下唇的厚度都增加，唇膏的颜色最好用偏暖的颜色。

3. 嘴角下吊

下吊的嘴唇显得人的表情很苦闷。

修饰：使用遮盖霜涂抹唇的周围，特别是嘴角部分，再使用唇线笔改变唇的形状，使嘴角有上翘的趋势。使用唇膏时注意，唇中部的唇膏色要用浅一点儿的颜色，突出唇的中部。

4. 嘴唇太大

嘴唇较宽，显得下巴短小，这样使整个面部有笨拙感。

修饰：用遮盖霜涂抹唇的边缘，然后用蜜粉定妆，使用唇线笔在原有的唇的轮廓上进行勾勒，使唇形变薄、变小，用较为深色的口红进行修饰，使过大的唇变小。

5. 平唇

唇峰不明显，或者是太平而没有唇峰，使唇看起来缺乏线条美感。

修饰：使用遮盖霜，将原有的唇型遮盖，用蜜粉固定，使用唇线笔勾勒出明显的唇，使唇峰突出，下唇饱满。唇膏颜色用较深的颜色为佳。

思考题

1. 根据自己的发质和头皮，分析自己的头皮属性，并制订一个护发计划和方案。

2. 分析身边的朋友的脸型，并给他们设计一个合适的发型。

3. 分析自己的脸型，并且根据自己的脸型选择适合的发型。

4. 分析身边的朋友的皮肤类型，并设定皮肤调理计划。

5. 根据自己的形象，设计一个职业妆造型，并制订计划实施。

参考文献

陈重武 . 新色彩构成 [M]. 天津：天津人民美术出版社，2003.

李莉婷 . 色彩构成 [M]. 武汉：湖北美术出版社，2001.

胡国正 . 色彩构成 [M]. 上海：东华大学出版社，2006.

王一珉 . 化妆基础 [M]. 北京：中国轻工业出版社，2006.

徐晶 . 现在职场形象设计 [M]. 北京：中信出版社，2007.

李彩姣 . 实用化妆造型 [M]. 北京：中国纺织出版社，2007.

人物形象设计

第五章
人物形象设计基本构成——形体形象

人体是以骨骼为支柱，由肌肉、皮下脂肪、皮肤等组成的。这样形成的人体外表的轮廓就叫体型。形体是指人体生理结构，即身体的外在表现。（图 5-1）

图 5-1

按照人体结构的三种极端类型，体形可划分为三种，即内胚层体形（圆胖型）、中胚层体形（肌肉型）、外胚层体形（瘦长型）。内胚层体型是由内胚层发育成的组织占优势的一种身体建造类型，全身各部分软而圆，消化器官肥大，脂肪沉积丰富，故躯干和大腿特粗，而上肢和小腿特细。中胚层体形是由中胚层发育成的组织占优势的一种身体建造类型，其肌肉、骨骼及结缔组织颇为发达，体格健壮、结实，有粗壮的外表。外胚层体形是由外胚层发育成的组织占优势的一种身体建造类型，其体形细长，显得瘦弱，肌肉组织和皮下组织不发达。

第一节 人体的基本构造与人体美学

以往，人们普遍认为，不同文化和年龄特征的人，对人体会有不同的审美情趣。然而王尔德曾说：“唯有美才是时间不能翦灭的。哲理消失了，宗教信念不再存在，但美的生命常在。它是老少皆宜的恩物，是世上每个人的食粮，甚至是永恒的财富。”随着信息全球化，人们在不知不觉中以共同的标准来衡量人的形体美。

从古希腊人认为形体美的人具有宽阔的胸部、灵活而强壮的脖子、粗壮的躯干和块块隆起的肌肉，到不朽之作“维纳斯”和“大卫”的黄金比形体，再到现在男性健壮一点好、女性苗条一点好的审美眼光，都离不开健康美、姿态美、动作美和体型美。

健康美：指健康的身体、健康的肤色、健康的面容、炯炯有神的双眼、充满力量的身躯。健康美是形体美的基础。

姿态美：人的举手投足、一举一动体现的美。俗语说得好：“坐有坐相，站有站相，走有走相。”优雅的姿态能给人以美感，从而增加形体美。

动作美：人的一切行动都离不开肌肉的收缩运动，行动灵活、协调、准确，给人以美的享受。

体型美：体型是在先天遗传、变异和后天获得性的基础上所表现出的身体形态。体型在四肢、躯干、头部及五官的合理配合下形成和谐统一之美。

一、女性形体

著名国画大师刘海粟曾说过“人体美乃美中之美”。形体美是所有女性终身追求的目标。

女性形体，是指女性的身体形态和女性特有的生理解剖特征及心理特征的外部反映。形体美是现代审美的重要评价标准，“亭亭玉立”“刚柔相济”“富于曲线美”都是形容女性美的常用语。女子的形体要求线条清晰、体态匀称、刚柔结合，并反映出女性的生理解剖特征，体现女性所特有的曲线美、匀称美、协调美和弹性美，从生理、心理及外在气质上充分展示出女性形体美的特征。（图 5-2）

图 5-2

中央电视台著名节目主持人徐俐在《女人是一种态度》一书中说，幸福是一种能力。女人都想生活得更有魅力些，更有品位些。

魅力是一种能量，是由内而外散发出来吸引别人的气质。如果说，学识、阅历、修养是魅力之本，那么，容貌、服饰、身材则是魅力之形。如果想对生活有更美好的追求，想更有魅力、更有气质，就先从管理外在的形——身材、服饰、容貌等着手吧。本章将着重介绍女性和男性的体型类别及形体塑造方法。（图 5–3）

女性的体型是千差万别的，根据女性身体部位的围度和比例可以概括地将女性体型分为五种类型：H 型、I 型、V 型、A 型、X 型。（图 5–4）

图 5–3

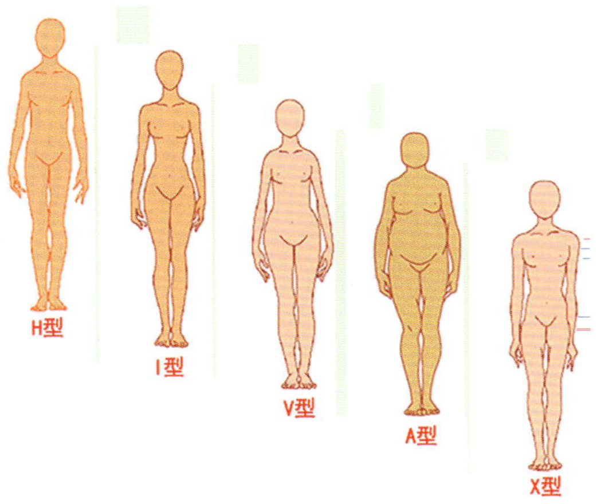

图 5–4

（一）H 型，即长方形

H 型：肩宽、臀宽与腰围之间差异不大，体重比标准体重要重。

这种体型的女性，上下平直，腰身粗壮，缺乏曲线美和线条。想要给人一种纤细修长、线条起伏的感觉，可以选择色彩对比强烈的线条衬衣，配一条深色牛仔裤，再束上特别设计的纽扣腰带，就会减弱没有腰身的感觉，显得轻巧、洒脱。

（二）I 型，即瘦型

I 型：体型应该呈曲线的地方是垂直的，双肩与臀部窄小，体重比标准体重要轻。

这种体型的女性往往身材高且直，同时非常苗条，在视线中体型线条缺乏曲线美。选择质地粗的面料或是借助于多层次技术来增宽瘦小的身影。在颈部、腰部折边处需用水平线条。在色彩上可以使用和肤色适应的最佳颜色，一般较浅的颜色可以增加宽度感。

（三）V 型，即倒三角形

V 型：胸部丰满，臀宽是肩宽的 1/2 或肩宽比臀部的宽度还要宽（圆周测量）。这种体型的女性，上身较浑厚，胸部过于丰满、肩胛宽、胳膊粗，相比之下，臀部和大腿略显消瘦。

修饰这种体型，首先要避免别人的注意力集中到上部，不宜选择大翻领、泡泡袖等上装，可选择垂直的线条装饰，尽量使肩膀与细臂的比例平衡，多在腰部以下搭配装饰，增加丰满度。另外，可利用强烈的色彩深缩浅扩而形成的视力错觉来掩盖体型的缺陷，显得轻盈飘逸、婀娜多姿。

（四）A 型，即正三角形

A 型：双肩呈倾斜状，腰比较纤细。肩宽是臀部的 1/2 或臀宽比肩宽还要宽（圆周测量）。

这种体型的女性，重量集中在腰部以下，臀部宽大，腹部突出，大腿粗壮。相比之下，上身显得单薄、瘦削。在选择衬衣和紧身背心时宜用水平横条纹，而裙子则要选带竖条纹的款式。腰部以上部分需要多层次，使胸部和肩部显得丰满而与宽臀比例得当。使用围巾、首饰等搭配细节造成腰线以上的色彩焦点。这样，就会给人焕然一新的感觉，显得体态匀称。

（五）X 型，即理想型

X 型：双肩和臀宽相等，腰围纤细，乳房呈弧线型，四肢很匀称。

这种体型是一种完美的体型，其线条优美，体态窈窕，体现着和谐美、匀称美、艺术美。X 体型的女性无论穿哪种款式的衣裙，都显得高雅妩媚、仪态万千。

二、男性形体

男性形体和女性形体有本质的区别，男性形体要求肌肉发达匀称，刚健有力，体格雄伟，有阳刚之气。男性形体主要以脂肪所占比例、肌肉的发达程度，并参考肩宽和臀围的比例来划分体型，主要分为T型、O型和H型三种。（图5-5）

图5-5

（一）T型，即肌型

其特点是肩宽、背阔、腰细、臀小且上翘。上体呈T型，腹壁肌肉垒块明显，四肢匀称，肌肉发达、无双下巴，颈部强壮有力，体重在标准体重的上下5%。

这类形体是男性最理想的体型，在服装选择上范围比较广，一般上衣以肩部合适为准，适合正式的西服和颜色鲜艳的运动装。在装饰上尽量简单，这样会产生威慑力，增加职场提升的机会。（图5-6）

（二）O型，即胖型

其特点是上（肩宽、胸围）下（腰围、臀围）一般粗，躯干像个圆水桶，腰围很大。腹壁的脂肪很厚，在腰两侧下垂。腹部松软、肚脐很深。胸部的脂肪多而下坠，有些女性化。一般都是短、粗颈，双下巴。 体重往往超过标准体重

图5-6

30%~50%。

肥胖体型的男士在整体上有笨重、慵懒的感觉，在服装上可以选择带有垂直线形的款式，面料上应该选择有质感的竖形纹样织物，使视觉有延伸和狭窄感。另需避免款式上出现与肩部相对应的横线及腰部宽松的式样。平整的肩部式样，V形领和竖式的配饰安排，这样看上去体重轻一些。对于矮个的O型体型的人来说，下装颜色比上衣颜色深一些看上去会高大一些。

（三）H型，即瘦型

其特点和胖型相反，体型偏瘦，腰围小，但因为胸腔小，所以上下一般细。肩窄、胸平、四肢细长，肌肉不丰满，脂肪极少，腹部可见肋骨，背部可见肩胛骨，体重小于标准体重25%~35%。

H型形体比较普遍，一般偏瘦，呈直线形。在视觉上给人带来干扁、锐利的感觉。在服装上不宜太紧身，应在着装上有一定的宽松度。宜选择些横向、人字、小方格纹样的式样，以增强柔和的视觉感受。偏瘦的人适合颜色浅的服饰，可佩戴项链、口袋饰巾或用太阳镜等物件来强调脸部，转移人们的视线，同时，鞋类颜色也应浅淡些。

第二节 形体的现代审美标准

形体指人体结构的外在表现，它是一门艺术。

人体只有在四肢、躯干、头部及五官的合理配合下才能显示出姿态优美、体型匀称的整体美。（图 5–7 至图 5–9）

图 5–7

图 5–8

图 5–9

一、形体美的体现

形体美体现在三个方面：骨骼、肌肉、肤色。其具体要求为五官端正、面部红润、眼睛有神、头发有光泽；颈部挺直而灵活，并与头部配合协调；双肩对称、男宽女沉、两肩修长；两臂伸展之长与身高相等；胸部宽厚、比例协调，男性胸肌圆隆，女性乳房丰满、挺而不垂；腰部是连接上下体的立柱，呈圆柱形，细而有力；腹部应扁平；臀部圆满，微显上翘不下坠，男性臀大肌结实，大腿修长，小腿长而肥肠肌位置高，并稍突出；人体骨骼发育正常，无畸形，身体各部位比例匀称，男子形体强调上肢力量及肌肉发达，整个体型呈侧梯形，女子形体强调身体比例匀称，线条流畅，整个体型呈曲线形；皮肤应红润而有光泽，健康而有弹性。匀称的体型与正确的姿态能塑造形体美。

二、形体美与形体训练的作用

形体本身非常讲究姿态美、体态美、线条美，以及外部形态与内部感情统一的和谐美。据调查，目前大多数人工作、学习压力大，身体呈亚健康状态，身体素质下降，就更谈不上形体匀称了。车尔尼雪斯基说过：“生命是美丽的，对人来说，美丽不可能与人体的健康分开。”而形体训练不仅可以塑造自身的形体美和仪表美，而且对身心健康有着非常积极的作用。这些作用主要表现在以下几个方面：

（1）形体训练能够改善神经系统的功能。经常参加形体训练能使神经活动的强度增大，使人长期保持青春活力和旺盛的精力。除此之外，对致病因素的抵抗力和外界各种刺激的适应能力都有明显的提高。

（2）形体训练能够改善心血管系统的功能。它可以增大心脏的容积、增强血管的弹性、增强心脏的收缩能力和血管的舒张力；还能使血液中的红血球、白血球、血红蛋白数量增加，提高身体的营养水平和代谢能力。形体训练还能提高呼吸机能，对提高消化系统的机能也有良好的作用。

（3）形体训练能矫正骨骼的形状。日常不正确的站立、行走、坐姿易导致 O 型腿、弓背、扣肩等现象，而这些现象对形体美有直接的影响。经常接受训练，能使不良骨形在训练动作的压力和拉力作用下向正确方向发展，矫正骨形、健美身材。长期坚持形体训练还有利于增强骨骼的抗折、抗压和抗扭能力，促进骨骼肌的新陈代谢。

（4）形体训练还能使肌肉发达，使肌肉更富有弹性；消除体内多余的脂肪，达到健美的效果。

（5）形体训练还能改善人体的曲线，使体型更美。

第三节　形体塑身　调整体态

良好的形体会给形象设计师施展才华留下广阔的空间。完美的体型固然要靠先天的遗传，但后天的塑造也是相当重要的。长期地健体护身、合理饮食，保持宽容豁达，将有利于长久地保持良好的形体。体型是很重要的因素，但不是唯一的因素，只有在其他诸要素都达到统一和谐的情况下，才能得到完美的形象。本节介绍身体特定的 7 个部位形体塑造方法，可在短时间内改善诸如扣肩塌背、胸部不挺阔、臀部下坠、膝关节无力等形体问题，让身体舒服、自然，长久地打开双肩、“拉长”脖颈、矫正脊椎、提升臀部、强化腿部力量。

一、颈部

修长柔美的脖颈，是身体的第二张脸。对于久坐电脑前的人来说，有意识地活动颈部可以减少颈椎病的发生。（图 5-10）

（一）颈部前、后、左、右运动

此运动能增加颈部的灵活性，拉伸颈部肌肉。

练习者双腿自然分立，与肩同宽，收腹、夹臀，双手叉腰。第一个动作：前低后仰动作，头部尽量往后仰，使颈部胸锁乳突肌得到锻炼。注意动作平稳、缓慢，呼吸均匀。第二个动作：左、右侧倒动作，身体姿态不变，头部向左、右侧倒，使颈部左、右侧肌肉得到锻炼。注意肩、颈要放松，侧倒时耳朵靠近肩膀。第三个动作：左、右转动动作，注意动作不要太激烈，幅度可尽量大。

图 5-10

图 5-11

（二）环绕

此运动能拉伸颈椎，活动颈部肌肉。

练习者双腿自然分立，与肩同宽，双手叉腰，头部从左下方开始向前、右、后、左方环绕 2 周，然后反方向环绕 2 周。注意动作要缓慢，幅度可稍大些，让颈椎和颈部肌肉得到锻炼。

二、肩部

窄肩、垂肩是导致大部分人的肩部不够美的因素，这种现象尤其在不喜欢运动的女性中偏多，过多的脂肪堆积在颈部和肩部，使之看起来没有生机，不够灵秀。（图 5-11）

练习方法

（一）哑铃侧平举

哑铃侧平举可以伸展肩部肌肉，使肩部更加饱满，还能矫正溜肩，改善上肢的运动能力。

双手持适当重量的哑铃置于体侧或盆骨前方，双脚与肩同宽，双膝微屈，收腹，肩胛骨缩回并向下压，躯干部略微前屈，保持稳定。将哑铃慢慢沿身体两侧抬起，保持肘关节角度，抬起到最高点时，哑铃与肩在同一水平面上，哑铃在肩和肘前方。停留片刻，将哑铃慢慢放回初始位置，保持身体稳定，做连续动作。

（二）耸肩

耸肩主要锻炼肩部肌肉力量，有矫正驼背、溜肩和含胸的作用。耸肩对预防颈部肌肉紧张也有一定作用。

双脚与肩同宽，双手握合适重量的哑铃，置于身体两侧或前方。收紧腰腹部赘肉，肩部尽量用力提到最高点，稍停 2~3 秒，然后慢慢下落到最低点。做连续动作。初学者可进行徒手练习。

三、胸部

胸部的线条美是整个身体曲线美的重要标志。（图 5-12）

练习方法

（一）仰卧飞鸟

飞鸟动作主要用来锻炼支托乳房的胸大肌。

练习者两手各持一个能举 8~12 次的中小哑铃，仰卧，再将双臂由胸部向上推直，微微屈肘，缓缓地轻放下两臂，使两肘低于体侧，胸部要向上挺起，然后将微屈的两肘向内收并逐渐伸直，反复练习。

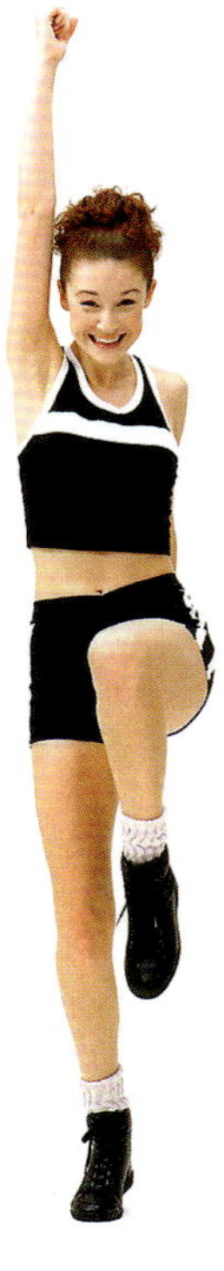

图 5-12

图 5-13

图 5-14

（二）仰卧直臂拉伸

铃直臂拉伸有助于胸小肌的厚实。

练习者两手各持一个小哑铃，仰卧在软凳上，然后两臂将哑铃举至头后伸直，再用胸部的收缩力将哑铃自头后伸直，上振至乳头上方为一次，共做 3~4 组，每组 8~12 次。

四、手臂

手臂的问题主要集中在手臂细和粗上。太细让人觉得很单薄和不健康，太粗有碍美观。可以通过哑铃弯举、上臂后侧拉伸动作等强化手臂肌肉和减少赘肉。（图 5-13）

练习方法

（一）哑铃弯举

哑铃弯举可有效增强肱二头肌，美化臂部曲线，增强肘关节的灵活性。

练习者站立，两脚与肩同宽，两臂下垂，膝关节微屈，双肘垂于身体两侧保持不动，手腕与前臂呈一条直线，不应向前弯曲，掌心向前。用力将哑铃举起到与肘关节成 90° 或稍小于 90° 。达到高度后，再慢慢放下哑铃，到最低点要保持肘关节微屈，做有节奏的动作。

（二）上臂后侧拉伸

上后侧拉伸动作可以放松肱三头肌肌群。

练习者向上抬起手臂时拉伸手臂，使其与双肩所处的水平面垂直，尽量使前臂与上臂靠近。上臂后侧肌肉被充分拉紧，另一只手可起固定作用。

五、腹部

腹部容易堆积脂肪，显得大腹便便，影响外观。腹部练习不仅能拥有平坦而健康的腹部，还能改善身体姿态并减小慢性疾病的发病风险。（图 5-14）

练习方法

（一）仰卧起坐

仰卧起坐主要锻炼腹肌，对腿部和腰部也有锻炼作用。

练习者仰卧在斜板上，两腿勾住器械下端的海绵柱，两手放于胸前，躯干向上弯起时，靠腹肌力量坐立，直到感到腹肌收缩为止。控制腹肌，慢慢后倒，整个动作幅度不超过 45°。

不要用背部的反弹力量或惯性使躯干弯起，不要以臀部为轴心做旋转动作，不要用腿或脚趾的拉力。坐起时挺胸抬头，肘部靠近但不要超过膝部。不要含胸低头，否则会使脊椎和腰背部损伤。

（二）卷腹

卷腹用来锻炼腰腹部肌肉，对腹部塑形特别有效。

练习者将双腿搭在椅子上，调整好角度，上身平躺在地面，腰腹部收紧，双手放在胸前或腹部。吸气，以腹肌力量向上卷起，到最高点时停留；呼气，缓慢下落。不要用双手过分用力抱头，以免损伤颈椎，下身要保持稳定，以腹肌力量抬起身体，双脚不要用力。这种练习的舒适性和稳定性较好。

（三）坐姿转体

坐姿转体用来增加腰侧部的肌肉力量，提高腰部的灵活性。

练习者挺胸抬头坐在器械椅上，双臂自然绕在扶手上，目视前方。腰部发力向一侧转体，停留 3~5 秒，还原至初始位置，再向相反方向转体，然后反复动作。左右扭腰时，保持身体挺直，速度平稳，不要太快或太慢。一定不能借助惯性，否则容易扭伤腰部。

六、臀部

爱坐和喜欢平躺的人很容易使臀部变得过于丰满或宽大，使整体形体失去平衡。同时臀部是最不容易调整的地方，只有坚持锻炼才能达到满意的效果。（图 5–15）

练习方法

（一）深蹲

深蹲可以增强腿部力量，减瘦大腿，减少多余脂肪和赘肉，使腿部曲线柔和、匀称。

练习者双手平举，两腿与肩同宽或略宽于肩，紧收腹肌、腰肌、肩胛骨。下蹲时，两脚约与肩同宽，脚尖向外，略微分开。膝关节向脚尖方向移动，直到大腿与地面平行即可。注意不要抬脚后跟。下蹲时，不要过低，大腿与地面平行为最理想的高度。慢慢用力将腿伸直，眼望斜上方，恢复至初始位置，保持膝关节微屈。

图 5–15

图 5–16

（二）俯身腿上举

俯身腿上举使臀部肌肉坚实，臀部曲线浑圆。

练习者双臂弯曲成 90° 平放，面部向下，双腿呈跪式，撑起整个身体，上身保持平直。右腿向上方缓慢抬起，至最高点时与膝关节成 90°，大腿与身体平行。停留一会随即缓慢下落，但不要将腿部完全着地。做连续动作。

七、腿部

大、小腿要支撑全身的体重，每天要行走、跑跳。健康、修长的腿形会让身体的曲线更动人。（图 5–16）

练习方法

（一）哑铃负重深蹲

可以增强腿部力量，减少多余脂肪，使腿部更加匀称、修长。

练习者手持哑铃自然垂于身体两侧，两脚与肩同宽或略宽于肩，紧收腹肌，肩胛骨收缩。双膝微屈，上半身缓慢向下呈蹲坐状，膝关节角度大于 90°，注意不要抬起脚后跟。下落至最低点后，慢慢用力将腿伸直，目视斜上方，恢复至起始位置后，保持膝关节微屈。由于负重关系，运动要适量。

（二）交替站立提踵

交替站立提踵可以增强小腿力量，美化小腿曲线。

练习者一只手持一个哑铃（称为练习侧）站在平整的地面上，脚掌踩在地面，另一只手扶住一个稳定支撑，练习侧脚勾在另一侧脚腕后上方，重心落在另一侧脚掌上。慢慢抬脚，尽量抬高，另一只脚脚后跟悬空，达到最高点时能感觉到小腿肌肉的拉伸。稍停片刻将脚放下，开始练习另一只脚。

图 5-17

图 5-18

图 5-19

第四节　色彩要素在形体设计中的应用

在现实生活中，每个人的形体或多或少都有缺憾。于是，色彩的膨胀与收缩的视觉规律成了人们用来显示体型特点、弥补某些形体缺陷的重要手段。巧妙地运用色彩的原理可以对人的体型扬长补短，如：体胖者在需要减弱及缩小体积的部位，可采用收缩色（咖啡色、黑色、深蓝色等）；体瘦者在需要强调及扩大体积的部位，可采用扩张色（粉红色、鹅黄色、浅绿色等）。另外，还可以通过正确的色彩搭配来确定“理想形体”的观点。反之，如果漂亮的色彩放在不适合的位置，会使整个形体不平衡，适得其反。在色彩基础理论中，我们已经学习过色彩的搭配，本节主要介绍色彩和形体的搭配方法。（图 5-17 至图 5-19）

一、梨形身材

身材特征：肩部窄，腰部粗，臀部大。

这种体型在色彩上忌上身色深、下身色浅，这样会增加人体不协调感。冬天，不宜穿浅色外衣；夏天，不宜穿暖色、艳色或太浅的裤子，否则会使臀部显得更大。

适合色彩：下身宜穿墨绿、深蓝、深黑等深色系列，整体颜色不宜过多。

二、倒三角形身材

身材特征：肩部宽，腰部细，臀部小。

这种体型，上衣最好用暗灰色调或冷色调，使上身在视觉上显得小些，也可以利用饰物色彩的强调来表现腰、臀和腿，避免别人的注意力集中到上部。上衣不宜选择艳色、暖色或亮色，也不宜选择胸部有绣花、贴袋之类的色彩装饰。

适合色彩：上衣以深色为基调，下身宜穿蓝色、浅灰色、白色、玉色、淡粉色。

三、圆润型身材

身材特征：肩部窄，腰部和臀部圆润。

对于这种体型，领口部位用亮的、鲜艳的颜色，下装宜用偏深的颜色，可衬托出肩部的厚实感。上下装的色彩不宜用大红大绿等冷暖色调的强烈对比。

适合色彩：渐变色彩的搭配，上身宜用浅咖啡色、浅灰色；下身以暗灰色调或冷色调为主调。

四、窄型身材

身材特征：整体骨架窄瘦，肩部、腰部、臀部尺寸相似。

这种体型宜穿浅色。

适合色彩：饱和度高的红色、橙色、黄色等暖色。

五、偏平型身材

身材特征：胸围与腰围相近，臀围正常或偏大。

这种体型整体上缺少“三围”的曲线变化。可以在颈部、胸部、臀部用色彩细节变化来调整视线，突出腰部的色彩和装饰，消除没有腰身的感觉。

适合色彩：上衣色调宜淡不宜深、宜暖不宜冷。

练习题

1. 了解女性和男性的体型类别，分析自己或周边的人属于哪种体型，掌握形体塑造方法，进行合理的服饰搭配训练。

2. 掌握形体的现代审美标准及形体训练作用的主要表现。

3. 了解身体特定的 7 个部位的形体塑造和练习方式，进行合理锻炼，改善形体。

4. 运用色彩基础理论知识，掌握色彩和形体的搭配有哪些方式。

参考文献

夏国富，耿兵 . 设计艺术表现 [M]. 上海 : 上海交通大学出版社，2007.

戴卫 . 成功女人装扮的秘密 [M]. 北京 : 华文出版社，2003.

刘玉贤，杨华 . 形体训练（修订本）[M]. 北京：中国物资出版社，2006.

唐毅 . 顶级造型师唐毅美妆秘诀 [M]. 北京 : 中信出版社，2005.

第六章
服饰形象设计

第一节 女装

一、职业女装

固定的模式与单一的款式让职业女性的着装陷入一种沉闷的风格中，从而掩盖了女性特有的风采。其实，在职业装上也可以体现个性与时尚。当今的职业装，在面料、功能及档次上，都有了推陈出新的时尚设计。而对服饰追求永不满足的女性，更可将职业装穿出百变的魅力。

相对于休闲装来说，职业装的款型往往单调而缺乏新意，这时就需要你有一双善于发现的眼睛。白色的套装配上一字领的花纹背心，上下班穿着都不会错。上下一色的套装看起来没有重点，这时就需要注意腰间饰带的系法，再戴上亮泽的长项链，很有香奈儿的优雅。出席鸡尾酒会，不妨在职业装的胸前戴上与服装相呼应的胸花，把重点移到漂亮的领口会更有吸引力。除了细节之外，能使职业装活跃起来的还有色彩。虽然职业装的色彩比较单一，黑、灰、白等颜色占了主导地位，但如果能够注意在色彩中找到细微的变化，黑、灰、白也能成为时尚的代言人。从头到脚的黑或灰都是不可取的，要大胆地在职业装中加入亮丽的色系，把深灰、浅灰、蓝灰、紫灰等细微变化后搭配在一起，或在灰色系中加入柠黄、浅蓝、粉红的小配饰。小配饰不仅不会抢了灰色的风光，还能让灰变得更纯粹，更有魅力。有光泽的腰带、丝绸感的胸前小花、透明质地的纽扣等都会让职业装丰富许多。

下面，我们就来说说几种不同职业女装的搭配：

（一）黑白风格

经典的白与黑，都是那么纯粹的色彩，强烈反差的色彩和谐地统一在一起，演绎着都市职业女性的与众不同。

特点：整体造型舒服、不拘谨。

适合行业：IT、广告等行业。

搭配要点：黑或白搭配时把握简洁原则，可以突出黑色的优雅、白色的洁净，并选择同色系的首饰和鞋子利落收尾；如果觉得一身黑、白过于沉闷，可以用粉黄、粉蓝等亮色搭配。（图 6-1 至图 6-3）

图 6-1

图 6-2

图 6-3

（二）以艳色为主的风格

以艳色释放激情，是职业女装个性独特而又充满感染力的风格，因此，着装可以加入更多的时尚元素，可大胆使用彩色。因此，学会尊重并欣赏艳色的力量和性格、具备驾驭色彩的能力并懂得搭配变得十分重要。（图 6-4 至图 6-6）

图 6-4

图 6-5

图 6-6

特点：大胆用色。

适合行业：媒体、设计工作等行业。

搭配要点：经典的碎花适合各种身材，而大面积的花朵对于身材微胖的人来说一定要慎重搭配；如果上身是充满迷幻效果的几何花图案，那下身的裤或裙装最好是单色的；适度的配饰更能表现出人注重细节和有品位。

（三）职场风格

职场装扮以优雅、妩媚见长，以简约风格、宽松挺拔轮廓，以及袖褶、蕾丝、碎花边、拼接等处理细节，再在黑、灰、白的基础上小面积点缀艳丽色彩，把成熟与优雅、干练与性感神奇地交织在一起。设计师企图以一种全新角度演绎职业女性们的性感、优雅、智慧。（图 6–7 至图 6–10）

特点：妩媚、干练。

适合行业：广告、媒体等行业。

搭配要点：呢制西服，内衬丝质吊带上衣，丝质上衣可以有些纤细的浮雕效果的绣花。粗犷的呢料和柔软的丝绸搭配在一起，其对比不言而喻，性感的效果自然强烈。如果再搭配一条高开衩的毛呢制服裙，那就非常完美了。

图 6–7

图 6–8

图 6–9

图 6–10

（四）中性风格

这几年的中性风潮在职业女装中也有突出的表现，这一类的职业女装将更多的时尚元素融入其中。（图 6–11 至图 6–13）

特点：严谨。

适合行业：保险、金融、银行、机关等理性

图 6–11

图 6–12

图 6–13

行业。

搭配要点：小西服要有收腰、细小翻领等当季时尚元素；不要穿一身黑套装上班，这样不利于你与新团队的快速融合；如果上、下装选择了黑、灰色调，可以在腰部配一条亚金色或柠檬黄的腰带作点缀，这样不但丰富了细节，平衡上、下身比例，而且使身材看起来更加修长；小领带或领结也成为必备装饰物。

职业着装必备单品：

花边衬衫：具有 18 世纪宫廷风格的花边衬衫近年盛行，领口花边细褶起到装饰的效果，把上衣表现得更为优雅，轻柔的丝绸物料会让你穿起来感觉非常舒服。（图 6–14、图 6–15）

图 6–14

图 6–15

A 字裙：A 字裙不仅大方典雅，而且在搭配上很随和，既可与衬衫正装搭配，也可与休闲的 T 恤、吊带装搭配，轻而易举地营造出干练的气质。（图 6–16 至图 6–18）

高腰裙：本季设计师重新演绎了 20 世纪 60 年代“宫廷式高腰”风格，将腰线抬高到胸下的

图 6-16

图 6-17

图 6-18

位置，演绎出略带怀旧又颇具现代风情的复杂气质。尤其是近年走红的铅笔裙，简洁的剪裁和线条，就算没有完美身形也可穿出纤纤细腰。（图 6–19 至图 6–21）

图 6-19

图 6-20

图 6-21

鱼嘴鞋：流行于 20 世纪 50 年代的鱼嘴鞋又掀风潮，这种鞋子鞋尖处开了一个小口，“若隐若现”中既带几分性感，又不失端庄优雅。（图 6–22 至图 6–24）

图 6-22

图 6-23

图 6-24

二、礼服

（一）礼服的概念

礼服又称夜礼服、晚宴服、舞会服，是以裙装为基本款式特征，在特定礼仪场合穿着的服装。而晚礼服是女士礼服中档次最高、最具特色、最能充分展示个性的礼服样式。（图 6–25）

图 6-25

传统晚礼服款式强调女性纤细的腰肢，夸张臀部以下裙子的重量感。肩、胸、臂的充分展露，为华丽的首饰留下表现空间。如：低领口设计，以装饰感强的设计来突出高贵优雅，有重点地采用镶嵌、刺绣、领部细褶、华丽花边、蝴蝶结、玫瑰花等，给人以古典、正统的印象。

（二）礼服分类

1. 晚礼服

晚礼服产生于西方社交活动中，在晚间正式聚会、仪式、典礼上穿着的礼仪服装。裙长长及脚背，面料追求飘逸、垂感好，颜色以黑色最为隆重。晚礼服风格各异：西式长礼服袒胸露背，呈现女性风韵；中式晚礼服高贵典雅，塑造特有的东方风韵；还有中西合璧的时尚新款。与晚礼服搭配的服饰适宜选择典雅华贵或夸张的造型，凸显女性特点。（图 6–26、图 6–27）

图 6-26

图 6-27

2. 小礼服

小礼服是在晚间或日间的鸡尾酒会、正式聚会、仪式、典礼上穿着的礼仪服装。裙长在膝盖上下 5cm，适宜年轻女性穿着。与小礼服搭配的服饰适宜选择简洁、流畅的款式，着重呼应服装所表现的风格。（图 6-28 至图 6-30）

图6-28

图6-29

图6-30

3. 裙套礼服

裙套礼服是职业女性在职业场合出席庆典、仪式时穿着的礼仪服装。裙套装礼服显现的是优雅、端庄、干练的职业女性风采。与短裙套装礼服搭配的服饰体现的是含蓄庄重，以简洁为首选。（图 6-31、图 6-32）

图6-31

图6-32

如今，在种类繁多的礼服中，每位女性都应该拥有一条属于自己的 dream dress。随着时代的变迁，礼服已经变得越来越亲民。在这个宴会派对季，马上来挑选一条属于你的礼服吧！

（三）礼服款型

以下这些礼服款型是最常见、也是最出效果的。

1. 万能皱褶

夸张的闪光面料加前卫的皱褶设计，就已经塑造了时尚的轮廓感。而精彩的局部皱褶本身的装饰效果，使你即便一件首饰都没戴，仍然能高贵奢华，不显寒酸。（图 6-33 至图 6-35）

图6-33

图6-34

图6-35

对于我们而言，更重要的是，皱褶是万能的设计。无论偏瘦还是偏胖，都可以得到很好的修饰效果。若是上围不够丰满，可用密集的小皱褶，营造华丽的视觉效果；若是腰腹部稍显丰满，则可用斜条皱褶修饰腰形，增强修长感。

2. 女神斜肩

女神的单肩斜肩设计，频繁见于各大颁奖礼红地毯上。如果你有古典的气质及丰润的肩膀，可以尝试经典的斜肩晚礼服。身材娇俏的东方人，可穿裙身较短的斜肩款。事实上，吊带是比抹胸更适合瘦小含蓄的中国人的。（图 6-36、图 6-37）

图6-36

图6-37

不过，斜肩式相对于普通吊带款，仍然属于高挑人穿的款式，手臂太丰满容易自曝其短，而上围太瘦也难以演绎出女神风范。

3. 高调亮片

复杂华丽的剪裁，珠宝色的钉珠，华丽的下摆，都是晚礼服不败的必要细节。如果要稍微低调内敛，也必须是内钉珠、外雪纺，即在若隐若现的雪纺之中，隐藏着耀眼的亮片。（图 6–38、图 6–39）

图6–38

图6–39

（四）礼服色彩搭配

1. 红色

虽然抢眼夺目，极具明星范儿，但不容易与其他颜色相融合。应搭配如黑、白、金、银等无彩色系的单品，例如金色高跟鞋、银色手袋、黑色皮草披肩等，可以综合视觉张力，达到协调整体造型的作用。如果是柔和的粉红色系，就可以利用一些夸张和具有存在感的配饰来平衡视觉效果。

2. 黑色

小黑裙是服饰中永不过时的百搭款式。基本款只需巧妙混搭，注重其中细节，就能使整体着装拥有强烈的“机车风格”。如搭配皮革质地的 leggings 或者短外套，能增添浓郁的机车气质；套上一件粗呢质地的西装外套，就可以优雅地出入办公场所；与色彩鲜艳的抹胸裙叠穿，丰富有趣的造型随即让你成为亮点；就连轻松随意的牛仔衬衫也可以成为小黑裙的最巧妙的拍档，绝对彰显气质。

3. 白色

白色礼服能给人一种女神般的超凡脱俗的气质。简单的上身线条更能凸显身材；肩部的可爱翅膀细节更成为亮点，彰显清纯动人的天使气质。

4. 银色

银色闪光面料的皱褶裙营造童话般的梦幻气息，无需过多繁琐配饰，宽松的裙摆和合体精致的裁剪足以让人光彩照人，再搭配特色网眼鞋流露出不经意的性感。

5. 金色

金色向来是最亮丽的风景，亮片点缀在礼服裙上犹如繁星般灿烂，搭配一个金属色包袋或者手镯，就可以把异域风情发挥得淋漓尽致。

（五）礼服单品搭配

1. 浅蓝色牛仔外套搭配纱制衬衫长裙，配合黑色金属高跟鞋，混合了休闲感和俏皮气。加上迷人的彩妆、闪亮的指甲油、自然的长发，风情万种尽情挥发，本体的单色与周边彩色相得益彰。（图 6–40、图 6–41）

图6–40

图6–41

2. 这可能会是派对上最摩登且最受关注的形象。相信只要是对时尚稍加留意的人都会知道，酷感十足的摇滚女郎形象已经当仁不让地红透整年。黑色系、皮革、铆钉、拉链、金属细节等都成了关注度最高的关键词。如此超强的装饰性和造型感又怎会在派对上不出彩儿呢？好吧，铁了心要做摇滚硬女郎的你赶快行动起来吧，赶紧为自己挑选一件能够 bling 起来的摩登礼服！（图 6–42 至图 6–44）

图6-42

图6-43

图6-44

三、休闲装——女士衬衫

（一）搭配

女士衬衫搭配得当也十分抢眼。（图 6–45）一款直身及膝裙搭配经典修身粉色衬衫，袖部分隔设计有助拉长上身线条。原本略显普通的打扮因为粉色的加入显得与众不同。（图 6–46）

图6-45

图6-46

（二）颜色

女士衬衫颜色太鲜艳会显得不够稳重，款式太单一又过于老气，设计繁杂的又不能兼顾舒适性。透明的基本款衬衫搭配上独特的小礼服式的长裙，也许会给你带来意想不到的效果。（图 6–47）

（三）款式

不对称的裁剪款式，大大的袖子和领口，立体感十足。看似慵懒的穿着，衬托出职业女性性感、俏皮的一面。（图 6–48）

四、T 恤

T 恤深受潮人喜爱，但是每季过后 T 恤再穿的

图6-47

图6-48

概率就很低了。其实，款式简单的 T 恤，经过一些自己独创的改良后，马上就会变得与众不同。（图 6–49）

图6-49

T 恤裁剪与牛仔裤破洞类似，不同的是两种衣服的材质不同决定了不同的裁剪手法。T 恤裁剪以凌乱为美，但要掌握好尺度，可以用剪刀裁出小洞。衣服背面或正面都可采取剪裁的方式。（图 6–50、图 6–51）

图6-50

图6-51

T 恤的百搭是众所周知的，几乎各类单品都可以与 T 恤搭配，演绎出各种不同的时尚表情。与短裤搭配或表达性感妖娆，或阐释轻松休闲；与半裙搭配既可以淑女端庄，又可以中性不羁。（图 6–52 至图 6–54）

图 6–52

图 6–53

图 6–54

五、西装

（一）“吸烟装”

20 世纪 70 年代的圣罗兰，将男装西服元素放入女装设计当中，并将这种西装取名为“吸烟装”。从此以后，宽大而长款的西装外套和西裤，不再是男人的专利。到了春秋季，这种男装女穿的西装外套再次成为时尚的焦点，在复古之中加入时代感，重新定义了经典“吸烟装”。

1. 收腰的设计带出“吸烟装”的女人味，宽肩和超高的高跟鞋搭配出权势装扮下的性感意味。长版西装好看不好穿，因为它更适合身材高挑且肩宽的女性，过胖会显得臃肿，不够高则会更加显矮，选择时一定要慎重。高跟鞋是必备。（图 6–55 至图 6–57）

2. 学院派的西装风格，搭配紧身长裤、眼镜、斜挎包等修饰物，在修身的剪裁之下，呈现出性感的制服诱惑。（图 6–58、图 6–59）

图 6–55

图 6–56

图 6–57

图 6–58

图 6–59

（二）西装的另类搭配——彰显个性

1. 西装硬朗、深沉，裙子可爱、跳跃，这两件单品搭配在一起，会有很好的视觉效果。（图 5–60）

图 6–60

2. 在近几年，西装是越大越出位，衣摆垂到臀部以下就能当裙子穿了。笔挺的廓型、宽肩不再是男性的标志。超大的西装正是搭 leggings 所需要的绝对因素。（图 6–61、图 6–62）

图 6–61

图 6–62

第二节 男装

从男装设计风格的总体发展趋势来看，有三种基本的类型到现在仍受人关注：一是从20世纪60年代兴起的“孔雀革命”（Peacock Revolution），即努力塑造男子汉的坚毅、冷峻的感觉和种种与众不同的、不修边幅的服装；二是提倡“衣装男子”，即所谓的用丰富的衣饰装饰男子，这是一种发源于欧洲17、18世纪的纤巧柔美的女性化、花哨的男装；三是有绅士味的牛仔服装，一种集正统与休闲于一身的男装风格。

男装的种类很多，根据其用途的不同可以分为燕尾服、晨礼服等正装，黑色套装等半正式礼服，运动装、休闲装等日常装和背心、汗衫、短裤等内衣。男装以裤子、夹克衫、西装、衬衫等最为典型。在设计和搭配上，男装和女装有很大不同，主要区分有以下几点：

1. 男装设计不宜有过多的主题。表现的风格既可以是以衬衫、领带、西装、大衣、皮鞋组成的绅士式，也可以是以T恤衫、夹克衫、宽松裤、套衫、牛仔裤等组成的牛仔休闲式。此外，还有中性风格的男子装束。

2. 稳重严谨的造型和色彩，给人以古典、正统的美感和印象。

3. 处处要考虑工艺细节，从做工上注重给他人以一丝不苟的印象。

一、西装设计

西装设计是18世纪前后人们结合了西欧渔民装的散领、少扣和中世纪马夫装后身开衩特征的结果。西装根据用途的不同，通常分为日常西装、礼服西装和便服三大类。西装的款式特点包括直身、合式身、适体的或下边窄的轮廓；单排扣和双排扣；常规腰节和高腰节；后边开气和旁边开气。口袋的款式包括滚边袋、单开线袋、贴袋和带盖袋。驳头有枪驳头、尖驳头、窄或宽驳头。

如今，根据男装个性化设计的要求，西装的设计和搭配出现了一些新的变化趋势，首先是面料和辅料流行质地轻薄、柔韧而有弹性、悬垂性好、品质上乘的纯毛面料，或是多种不同性质纤维混合并经高科技处理完成的质地细腻、结构新颖、具有良好成衣效果的面料。其次是西装结构上要求肩部柔和圆顺，腰线放松和采用更贴身的裁剪方式。（图6-63至图6-67）

二、夹克衫设计

夹克衫的原型是中世纪的欧洲骑士服和车夫服。夹克的束腰、束下摆的制作方法，颇能调整人体的结构比例，便于人们活动。同时夹克衫又有多种面料的选择和变化丰富的装饰，所以受人青睐。

夹克衫的搭配也相对比较自由，它的基本特点就是轻便、灵活和利索，和其他服饰的搭配也相对比较随性。夹克衫十分重视外造型轮廓的表现，而最富有变化的是它的结构和装饰设计。夹克衫的肩、袖、门襟、腰克夫及分割剪辑是装饰的重点。（图6-68至图6-71）

图6-63

图6-64

图6-65

图6-66

图6-67

图6-68

图6-69

图6-70

图6-71

三、衬衫设计

男衬衫的款式包括各种领形，领口宽度，袖口设计，袖子长度，衣身形状，各种面料和颜色变化。衬衫的衣身设计一般是圆下摆，这种形状可以减少腰部容积和臀部面积，适用于瘦型男子。肥胖的男子则以穿着无腰身的衬衫较好。与夹克搭配时，衬衫最好比夹克衣领高出约 1.5cm，露出袖子 1.5cm 左右，这样才是两件服装进行搭配的最佳效果。与此同时，衬衫领与颈部最好留 0.5cm 的空隙。（图 6–72 至图 6–76）

如今男士的衬衫种类繁多，同时也被加入了许多流行元素，变得五彩缤纷，不再是以前的呆板面孔。亚麻绉布、柔光亚麻等让男士的衬衫变得更柔软舒适，白色、米色、蓝色等营造出一个五光十色的时尚男人世界。但男士们为此也犯了愁：衬衫怎么穿？社交场合的男士或工作中的男士希望塑造优雅、庄重、随和的自身形象，那就应选择质地精良、做工考究的中性色衬衫，而那

图6-72

图6-73

图6-74

图6-75

图6-76

些柔软、艳丽、个性化的衬衫则应留在休闲场合里亮相。

（一）休闲衬衫搭配

穿休闲衬衫时不要忘记搭配卡其布、细帆布等相同休闲风格的裤子及休闲鞋，颜色的选择则可以大胆一些，不必拘泥于黑色、灰色等保险色系。

（二）衬衫与肤色

皮肤黑黄的人穿绿、灰色调的衬衫会显得更黑、更黄，并且会带来有些脏的感觉；皮肤白皙的人穿亮丽的衬衫能将皮肤衬托得更白皙，但这往往会使男人显得太女性化，缺少阳刚之气，当然这也是近年夏天中性潮流涌动的时尚之处。

（三）衬衫与体型

胖人穿小方领的衬衫会显得有些拘泥、局促，带尖的大领型衬衫更合适。高大端庄的人穿衬衫，不要选择那种领子上缀有装饰纽扣的衬衫，尽管目前正流行。

（四）花色衬衫

穿花色衬衫时一定要避免带大量的金银饰品。

当然，看了这么多条规则，可能你对内外、上下服装的搭配依旧没有把握，那就谨记一条：

图 6-77

图 6-78

图 6-79

图 6-80

白衬衫无论搭配什么都合适。

四、裤子设计

迈入 20 世纪后，人们的生活发生了翻天覆地的变化，相继出现了各种既能满足功能需求，又不失美观的裤子。其中最有代表性的当属时髦的牛津裤（oxford trousers），由体育运动大众化而产生的灯笼裤（knickerbockers）及称为大众工作服的斜纹粗棉布牛仔裤等。现代男装中一般都是以裤子作为固定的下装。男士裤子的种类比较多，有工作裤、运动裤、牛仔裤、马裤、西装短裤、土耳其灯笼裤等。（图 6-77 至图 6-80）

第三节 饰品

从通俗角度讲，服装饰品可以理解为装扮服装的“零件”。这些饰品可以直接戴、挂或套在身体的某个部分。它们不仅可以增添服装的亮点，而且是展示个性的要素，特别是塑造形象时不可或缺的小道具。

根据时间、场合、目的等因素，人们应选择适当的饰品，并要与所穿的服装搭配。尽可能让它成为整体的亮点，避免出现饰品堆积现象。

根据种类来划分，饰品包括领带、领结、围巾、头巾、项链、眼镜、腰带、吊裤带、鞋、袜子、帽子、包等。

一、领带和领结

领带能展现男性的不同风貌，是男性全身最能表达自我的工具。对男性来说，领带是一种重要饰品。通过领带，男性可以将心中深厚的感情、一时的情绪、隐秘而微妙的感受与他人进行交流，并享受其中的喜悦。

在 20 世纪初期，世界上流行各式各样的领结，而标准式平结和温莎领结较为普遍。温莎领结一般与宽领衬衫相搭配，带有质感。通常领带的纹样以斜纹为主，长度以稍遮住裤腰带扣子为宜。领带的宽度要与衬衫的领子和夹克的翻领宽度成一定比例。

人们一直认为，领带是男性的专属之物。但是，在把女性装扮成男儿风格的过程中，领带成为常见的时髦饰品。（图 6-81 至图 6-85）

图 6-81

图 6-82

图 6-83

图 6-84

图 6-85

图 6-86

图 6-87

图 6-88

图 6-89

二、围巾和头巾

围巾和头巾属于那种以细微的变化便可带来形象上巨大转变的饰品。在过去，围巾和头巾仅在秋冬季节为了保暖而佩戴，如今情况已经大为不同了。在装饰性方面，它具有很高的使用价值。如果与服装协调搭配，可以塑造出各式各样的形象。

围巾适合分身装打扮或风格休闲的衬衫，不适合搭配正式的礼服衬衫。

围巾可由多种面料制成，如高档的丝绸、柔软的雪纺绸、华丽的印花布等。装饰图案包括几何花纹和条纹图案等。

在选择围巾时，人们应从脸型、肤色及期望的造型等方面出发，还应考虑不同服装之间搭配的协调性。同时，还要参考围巾的面料、图案、颜色、设计、宽度和长度等。（图 6-86 至图 6-89）

在上述要素之中，围巾受脸型的影响最大，所以围巾和脸型之间的协调搭配非常重要。对于圆形脸的人来说，系领带或者丝带型围巾时要系得又小又矮，或者系得宽松，这样才能达到露出颈部的效果；领口需要留有空间，侧面打结比正面打结的效果更佳。对于长脸的人来说，应该善用围巾，让脸部显得像椭圆形脸一样。

在进行服装搭配时，需要选择与衬衫和夹克相同面料的围巾，颜色上基本选择与上衣相近的颜色。如果服装的花纹既复杂又杂乱，可以搭配单色系列的围巾。相反，如果服装的款式简单、色调过于暗沉时，搭配的围巾应该拥有艳丽的花纹或者亮丽的色彩。

根据造型设计的不同，人们应该适当选择围巾的大小，并以实用为最高准则。基本上，围巾可以分成三类：能裹住肩部的正方形围巾（36cm × 36cm）、手绢大小的迷你围巾及适合正式场合佩戴的长条围巾。

围巾还有另外一个优点，即如果把围巾打成结装饰在身体的不同部位，可以展示出不同的独特的风情。

用玫瑰色丝绸或紫色、灰色的开司米制成的

图 6-90

图 6-91

图 6-92

图 6-93

头巾广泛适用于正装。现在，人们开始把头巾当作要点进行形象展示，而且这种趋势还在不断发展。（图 6–90 至图 6–93）

三、项链

项链与服装款式、脸型有着密切的联系，利用项链的长短和材质不同可以塑造出不同的形象。（图 6–94 至图 6–98）

图 6–94

图 6–95

图 6–96

图 6–97

图 6–98

如果服装的领口款式简单又敞开，项链会更加突出。不宜在 V 领中间用项链遮挡空间。此外，叉腰型的服装不适合搭配既长又垂散的项链。

如果将粗大的项链戴在颈部较长的人身上会显得很滑稽。同样，颈部较粗的人戴短项链也会起到负面的效果。还有，圆形脸的人戴短项链会更加突出脸部。

项链在与正装搭配时，如果设计简单，会更加突出其设计风格。项链的材质有很多种，其中最能让脸部充满诱惑的材质包括珍珠、水晶、黄金等。珍珠项链可以与任何服装进行搭配。

四、眼镜

现在，眼镜已经被当作饰品的一部分，从而创造出更多的价值。眼镜能够对时尚潮流作出敏锐的反应，并能提高服装的时尚感。此外，使用不同材质和造型的镜架，可以塑造出不同的风格形象。

复古的圆框眼镜属于非常难用的单品，尽管看上去非常有个性，却令人轻易不敢尝试。如果你想要走古典路线，可以考虑换成线条不那么圆的长方形眼镜，只是在转角处稍微有点圆的意思即可。这种偏圆形的眼镜比较适合小脸女性。同时还可以考虑用烟熏妆来衬托，能够减淡眼镜所带来的呆板感。（图 6–99 至图 6–103）

图 6–99

图 6–100

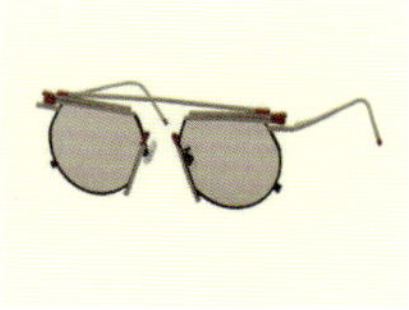

图 6–101

图 6–102

图 6–103

眼镜与脸型的协调搭配最为重要。圆脸的人适合有棱角的镜架，而棱角分明的人适合戴圆形镜架；脸小的人适合戴又小又窄的镜架，而脸大的人适合戴大镜架。如果镜片较厚，应该选择小型镜架。与金属架相比，塑料板材做成的镜架能给人以温暖感，但厚塑胶架在夏天会给人带来炎热、憋闷的感觉。

肤色较白的人要想摆脱懦弱的形象，不宜佩戴银色镜架。肤色黄的人佩戴金属架反而更加突出肤色。还有，镜架的上部最好能与眉形相吻合。双眼间距较宽的人应选择深色镜架，而间距较窄的人应选择色彩亮丽的镜架。

五、腰带和吊裤带

腰带和吊裤带都是固定裤子，使其不易滑落的饰品，但两者不可以同时搭配使用。腰带和服装的颜色最好相近或者深于服装。如今，在与正装搭配时，过宽的腰带或者纽扣显眼的腰带都可成为服饰搭配的亮点。

在 18 世纪，为了固定裤子并突出裤子线条，吊裤带被用在裤子省缝线的延长线上。如今，除了上述功能之外，人们根据自己的喜好，用它来展现休闲的形象。在表露现代感形象时，使用金属材质的夹子效果较好。如果想要表现古典的田园形象，则适合使用可放入裤腰线纽扣里的设计。（图 6–104 至图 6–109）

图 6–104

图 6–105

图 6–106

图 6–107

图 6–108

图 6–109

六、鞋和袜子

在服装搭配的收尾阶段，鞋的选择也同样重要。鞋除了其本身具有的实用功能之外，还可以明显地表现出穿着者的思维方式和社会地位。通常，人们应该选择比套装颜色更深的鞋子。但是，如果服装的颜色很鲜亮，则适宜选择白色或者米黄色鞋子进行搭配。（图 6–110 至图 6–112）

图 6–110

图 6–111

图 6–112

起初穿长筒靴是为了防水。但到了 20 世纪 60 年代，随着迷你裙的出现，长筒靴发展成为晴天也可以穿着的时髦配饰。（图 6–113 至图 6–116）

图 6–113

图 6–114

图 6–115

图 6–116

袜子可以分为短袜和长袜两种。短袜适用于运动和休闲装束，而长袜适用于正式场合。袜子已成为配件中重要的一部分。（图 6–117 至图 6–120）

图 6-117

图 6-118

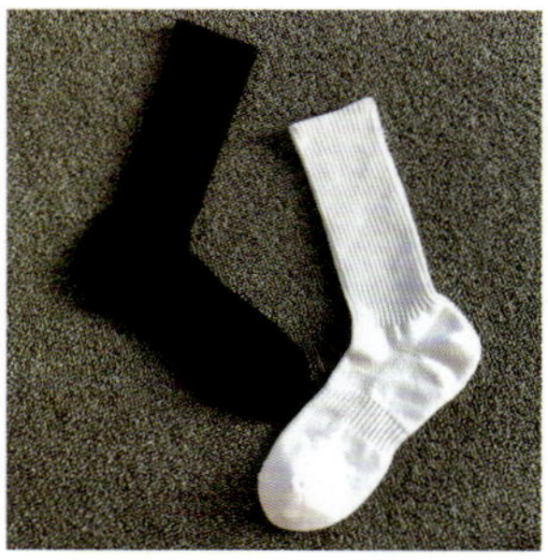
图 6-119

图 6-120

七、帽子

帽子属于头部饰品，包括有边帽、无边帽、无边系带式女帽、兜帽、面纱等。（图 6-121 至图 6-125）

图 6-121

图 6-122

图 6-123

图 6-124

图 6-125

从整体搭配的角度来说，少了帽子这样一件巧妙的配件实在令人可惜。遮阳、修饰脸型、掩饰发型，都可在此一步中完成。无论是历史上还是现在，帽子都发挥着其良好的装饰性和实用性，是极佳的个性代名词。

八、包

最初因实用而产生的包，只是用一块布或皮包裹住物体，将几个对角捆在一起即可。随着社会的发展，包被赋予了审美功能。随着新材料的应用和缝制工艺技术的不断发展，人们对整体服饰效果日趋重视，包的设计成为服饰品设计中不可忽视的环节。下面我们来看看各种具有设计感的包吧！

小包与服饰的搭配：小包大多数是女士们随身携带的。小包的款式品种繁多，有高档的牛皮包、猪皮包、羊皮包、鹿皮包等，还有用各种布料制成的首饰小包。包的颜色有棕色、黑色、绿色、白色等。这一类小包主要搭配一些女性感较强的套装、套裙。在色彩搭配上，包的颜色可与鞋的颜色相同，比如上穿蓝白条上衣，下着蓝裙子，小包和鞋的颜色选用白色，看起来很清爽；也可以与服装的颜色相搭配，如穿米色服装可配棕色小包，穿冷色服装配灰、蓝色小包。由于小包袋面积较小，所以最好选购做工精良的纯皮小包。（图 6-126 至图 6-130）

图 6-126

图 6-127

图 6-128

图 6-129

图 6-130

图 6-131

图 6-132

图 6-133

图 6-134

大包与服装的搭配：现在，人们在日常生活中追求一种自然、轻松的气氛，休闲装便应运而生，与休闲装相配套的大包也就得到了人们的青睐。这种大包大多在袋体内有便于装钱和票据的拉链小袋。包的造型也是各不相同，有双肩、单肩包，手提包等。格子布、帆布、花布与皮革随意组合，与红、黄、蓝色任意搭配，都可制成洒脱、无拘无束的休闲包。这类包与职业装、职业休闲服都可搭配出随意而典雅的风格，如外出旅行可背上登山包。登山包体积很大，就像一个小旅馆，里面装上日常生活必需用品，非常方便。它的设计就像一个小型的双肩背包，有的腰上还有一个固定腰带，行走、登山都不易晃动，实用而方便。（图 6-131 至图 6-134）

练习题

1. 服装只有穿在特定的人身上才有其完整的意义。根据本章讲解的服饰形象设计知识，分别对职业女装和商务休闲男装做了整体形象设计，从服装的整体搭配到细节配饰都缺一不可。

2. 服饰搭配通常都是以服装为主，配饰为辅。请以服饰配件为主，服装为辅的形式做一个服饰形象设计。

第七章
服装搭配

如今，从大众服装到个性化服装、从单一穿着到整体搭配，人们变换着装的意识不断增强。搭配一词于20世纪中期开始流行，含有对等、合并、调整、汇总等含义。在历经1973年石油危机之后，消费者的生活意识和购买形态已从生活实用型转换成为追求生活质量型。搭配从而成为人们生活中的日常用语。

服装搭配是指两种或两种以上的服装进行组合。它不仅是服装的一种简单组合，而且是将人的生活方式、社会环境等诸多因素结合起来，也有塑造整体的含义。

从20世纪70年代开始，服装杂志开始减少对规范化服装款式的介绍，而是大幅地增加有关服装搭配的介绍。与此同时，开始出现为人们的着装提供建议的造型师职业。70年代中期之后，休闲化倾向和多层次服装款式开始流行，服饰、发型、化妆等整体搭配的概念开始出现。这些概念进而扩展到生活的方方面面。如今，年轻一代正受到“自我感觉好即可”的价值观和积极的思考方式的影响，因而，各种服装风格正如雨后春笋般出现在我们的视野中。穿着代表一种态度，也代表了一种生活方式。

第一节　单品搭配

单品在词典中的意思是指块、片、部分等。在服装领域里，它是指夹克、外套、背心、裤子、衬衫、裙子、连身裙等单品服装。单品服装搭配的要领在于既要简单又要追求变换，让服装依据人的个性展现出不同的美感。（图7–1至图7–3）

图7–1

图7–2

图7–3

一、黑色单品与经典单品

黑色是永恒的主题，外套、裤子、裙子纷纷用特别的剪裁和图案来体现质朴的黑色之美。（图7–4至图7–9）

图7–4

图7–5

图7–6

图7–7

图7–8

图7–9

长短叠加的穿法可以掩盖有缺陷的腰部；合身的小西装搭配窄腿裤才显得高挑；搭配鲜艳的围巾或是裙子之类的单品，在秋天才不会沉闷。（图 7–10 至图 7–12）

图 7–10

图 7–11

图 7–12

马甲是秋季不可或缺的单品，无论是搭配休闲 T 恤、衬衫还是长裙，都会给人性感的美的感受。（图 7–13 至图 7–17）

图 7–13

图 7–14

图 7–15

图 7–16

图 7–17

蕾丝裙不仅仅是夏天的单品，在秋冬季节搭配一双长袜或是小短靴，也是很流行的装扮。（图 7–18 至图 7–20）

图 7–18

图 7–19

图 7–20

二、T 恤

各色图案的 T 恤是最常见的款式之一，当大街小巷 T 恤已经泛滥的时候更需要穿出个性。（图 7–21 至图 7–25）

图 7–21

图 7–22

图 7–23

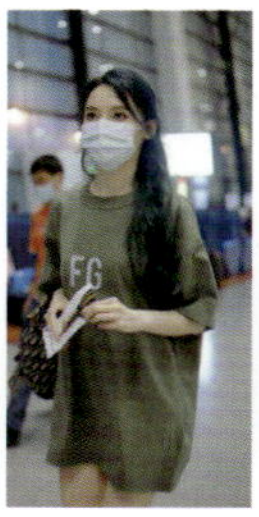
图 7–24

图 7–25

第二节　点睛搭配

点睛搭配是指在某种服装风格上再添加一种服装从而变换成另一种形象，或者丰富原有服装风格的表现方法，通常使用围巾、腰带、项链、帽子等饰品来实现。如在黑色套装连衣裙上装饰色彩强烈的腰带或围巾。如果服装缺乏个性，可以佩戴项链、胸针、帽子或搭配提包等来表现活力。若想改变服装的形态和整体风格可运用点睛搭配法。如在普通的套装上搭配长围巾或者其他

图 7-26

图 7-27

图 7-28

图 7-29

款式的围巾，将会带来异样风格。

点睛搭配并非辅助性的形象设计，而是吸引人们视线的简单方法之一。（图 7-26 至图 7-29）

第三节　交叉搭配

交叉搭配有穿叉、配色等含义，在服装领域里是指把相反的设计、面料、色彩、风格等要素进行搭配，是一种令人意外、追求新颖的方法。

这种搭配方法脱离了大众思维，把截然相反的服装款式或风格进行组合。如此一来，这样的穿着方式使人产生新的穿着体验，从而营造出新颖的感觉。

年轻一代将它当作是展现自我个性的表现方法，并进行了充分利用。交叉搭配超脱了以往的常识和框架，展现异样美，起到了清凉剂般的作用。

一、不同形态的交叉搭配

不同形态的交叉搭配主要通过轮廓的对照得以表现，包括上半身和下半身的量感对照。如紧身裤搭配宽松的箱形 T 恤，或者紧身直筒裙或皱褶裙，也会带来不凡的效果。

另外在短裤与长背心进行搭配时，可以尝试利用其长度不等的特性进行交叉搭配。这种长与短、松与紧的组合方式，让服装的搭配形成任何可能性。（图 7-30 至图 7-34）

二、不同色彩的交叉搭配

不同色彩的交叉搭配主要使用常规视觉难以接受的配色，从而追求一种意外感。如冷色系的浅色调和暖色系的深色调、鲜色调和深色调等多种色彩之间的搭配，都是强调异样感的色彩搭配方法。（图 7-35 至图 7-39）

三、不同面料的交叉搭配

不同面料的交叉搭配是指利用完全不相匹配

图 7-30

图 7-31

图 7-32

图 7-33

图 7-34

的面料（质感、用途、形象等）所进行的服装搭配，它能创造出一种新颖的美感。如有光泽的裤子搭配针织衫，坚硬的牛仔裤搭配柔媚的花边罩衫或者坚硬的皮夹克搭配柔美、闪亮的雪纺裙等。

现代社会冷暖设备技术得到了飞速发展，因此，人们对于在不同季节应该穿不同面料的服装的意识逐渐淡漠。不同面料的交叉搭配不再受季节变化的影响，成为多样服装设计的季节搭配形态之一。（图 7-40 至图 7-43）

图 7-35

图 7-36

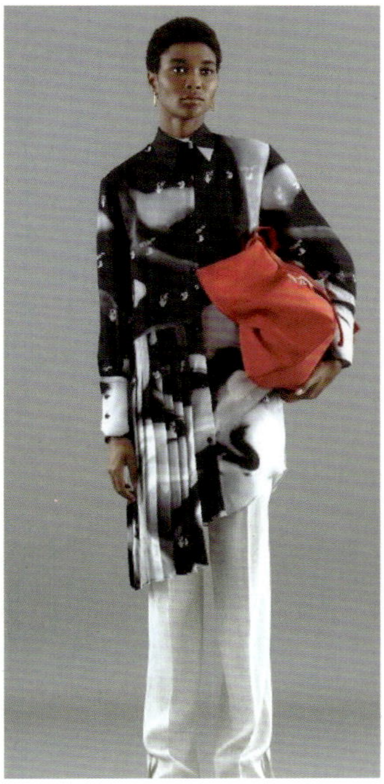
图 7-37

图 7-38

图 7-39

图 7-40

图 7-41

图 7-42

图 7-43

第四节 个性化搭配

个性化搭配是指把出自著名设计师之手，具有独特商品性格特征的服饰（包括服装、饰品、化妆品和室内装饰品等）进行完整搭配的方式。这种搭配方式，成为年轻人标榜个性的方式。

受到国际流行色彩的影响，个性化搭配风格出现了两种极端，一种是不需要夸张的颜色与样式来过多地修饰，简单朴素式的风格。这种极简的组合搭配，却可领略触手可及的质感，在举手投足间都风姿绰约（图 7-44 至图 7-47）。另一种是打破以往沉闷中性色的传统，开始运用高明度的蓝色、柠檬黄，以及这些色彩穿插的条纹，带来跳跃的视觉效果。这种风格被应用在衬衫、外套、T 恤的设计中（图 7-48 至图 7-51）。

练习题

1. 以基本款白衬衫作为主要单品，分别搭配出三种不同风格的女装形象设计。

2. 以色彩搭配为主，分别对男女装做不同的服饰搭配设计。

3. 设计两种不同风格的个性化服装搭配，男女装不限。

参考文献

纺织工业部教育司 . 服装·文化·鞋·包篇 [M]. 北京：高等教育出版社，1992.

潘公凯，卢辅圣 . 染织与服装设计 [M]. 上海：上海书画出版社，2000.

图 7-44

图 7-45

图 7-46

图 7-47

图 7-48

图 7-49

图 7-50

图 7-51

人物形象设计

第八章 服饰风格分类

图 8-1

图 8-2

图 8-3

风格是个性的体现，服饰塑造出的风格在人物形象中占据着很重要的位置，它将根据一个人与生俱来的体型特征进行科学的分析，能帮助每个人总结出自身的服饰风格规律和服饰间的搭配规律，使每个人充分挖掘自我形象的潜力，最大限度地发挥个人魅力。因此服饰风格也是人物形象设计中的重头戏。

当今社会，我们都想有区别于其他人的外形和气质。利用不同的服饰组合给人带来不同的视觉感受和心理感受，让每个人都把自己的内在审美情趣与个性通过服饰的外在形式表现出来。（图 8-1 至图 8-3）

划分服饰风格的角度很多，不同的划分标准赋予服饰风格不同的含义和称谓。在此，我们主要从造型的角度把风格简要地划分为：经典型（classic）（图 8-4）、前卫型（avant-garde）、浪漫型（romantic）（图 8-5）、阳刚型（mannish）（图 8-6）、优雅型（elegant）、活跃型（active）、民族型（ethnic）/ 异域型（folklore）、个性型（personality）八种。

第一节　经典型

风格阐述：

经典型风格端庄大方，具有传统服装的特点，是相对比较成熟的、能被大多数人接受的、讲究

图 8-4

图 8-5

图 8-6

图 8-8

图 8-9

图 8-10

穿着品质的服装风格。经典风格比较保守，不太受流行趋势左右，追求严谨而高雅、文静而含蓄，是以高度的和谐为主要特征的一种服饰风格。正统的西式套装是经典型的代表。如香奈儿套装、开襟羊毛衫、西服（图 8-8 至图 8-10）、双排扣风衣（图 8-11、图 8-12）等服装。

经典型服装轮廓多为“X”型和“Y”型（图 8-13、图 8-14），“A”型也经常使用，而“O”型和“H”型则相对较少（图 8-15 至图 8-17）。色彩多以藏蓝（图 8-18、图 8-19）、酒红、墨绿、宝石蓝、紫色等沉静高雅的古典色为主。面料大多取自具有一定质感和可塑性的斜纹软呢及羊毛，花色以彩色、单色面料和传统的条纹或格子面料为主。款式设计比较简洁，以服装阔型变化为主。（图 8-20）

经典型特点：端庄大方和超越时代。

图 8-11

图 8-12

图 8-13

图 8-14

图 8-15

图 8-16

图 8-17

图 8-18

图 8-19

图 8-20

第二节　前卫型

风格阐述：

前卫型一般都被看成是艺术界的“另类”，前卫和经典是两个相对立的风格派别。前卫风格受波普艺术、抽象派艺术等影响，造型特征以怪异为主线，富于幻想，运用具有超前流行的设计元素，线形变化较大，强调对比因素，局部夸张，零部件形状和位置较少见，追求一种标新立异、反叛刺激的形象，是个性较强的服装风格（图 8-21）。前卫型形象离经叛道、变化万端，而又不拘一格，它超出通常的审美标准，以荒谬怪诞的形式，产生惊世骇俗的效果。这种服装在形态、颜色、设计等方面超越常识，开始在一般商品中亮相，并越来越多地与其他服装进行混合搭配。

前卫型特点：这类形象只被极少数人所接受，表现出一种对传统观念的叛逆和创新精神，是对经典美学标准做突破性探索而寻求新方向的设计，常用夸张、卡通的手法去处理阔形、色彩、材质的关系，打破原有服装款式的形象。

代表人物：Lady Gaga（图 8-22）。

秀场图片精选：（图 8-23 至图 8-27）。

图 8-21

图 8-22

图 8-23

图 8-24

图 8-25

图 8-26

图 8-27

第三节　浪漫型

风格阐述：

高雅、华贵、潇洒、飘逸、妩媚、性感、风情万种的气质，瑰丽旖旎的姿色，彰显了浪漫型人销魂蚀骨的魅力。有着曲线形的身材、飘逸的长发、含情脉脉的眼神的浪漫型人对性感服装特别钟爱。一般浪漫型的女人，显大气，女人味十足。（图 8–28）

图 8–28

图 8–29

服装要表现出圆润的肩线、纤细的腰部、丰满的胸部等身体曲线。这类服装的花纹大部分是以花卉图案为主，材质轻柔，主要面料有柔软光滑的针织品、丝绸、纯棉、雪纺绸和天鹅绒等，并用蕾丝、缎带或刺绣装饰及褶边、荷叶边、丝带等细部装饰来凸显女性之美，色彩上较多使用柔和色与亮暖色（图 8–29），在设计领域里和后现代主义相呼应，重视民族、民间传统，在其中获取灵感。

浪漫型的形象讨人喜欢，是具有少女般浪漫品位的甚至充满幻想的形象。服装中主要使用轻柔的面料搭配花形图案，用粉色、黄色、紫色等柔和色调来着重表现甜美、可爱的风格，在缤纷色彩的跃动下，在柔美轻盈的面料里，尽显浪漫主义情怀。

浪漫型特点：风情性感，充满女人味。服装面料柔软，多用曲线剪裁。

秀场图片精选：（图 8–30 至图 8–38）。

图 8–30

图 8–31

图 8–32

图 8–33

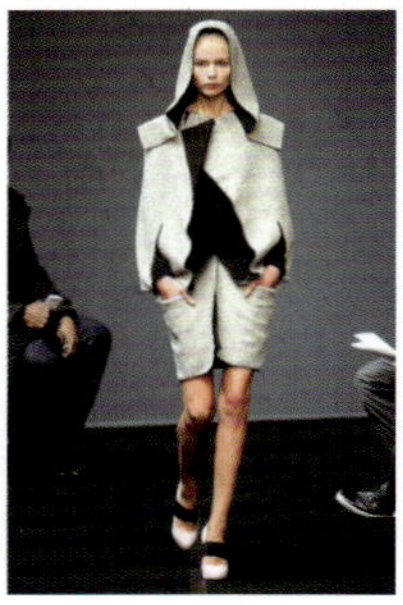

图 8–34

图 8–35

图 8–36

图 8–37

图 8–38

第四节　阳刚型

风格阐述：

成熟、平和、随意、洒脱、大方、自信……充满了活力、随遇而安的率真。服装直线感强，表现出女人干练的感觉，也称中性式形象。阳刚型是体现独立性强的女性所具有的形象，是在服装中融合男装夹克、西装、衬衫、领带、短靴等塑造的一种形象风格。阳刚型形象在 20 世纪 80 年代，那时流行用厚垫肩来表现男子汉气概（图

图 8-39

图 8-40

8-39、图 8-40）。

进入 20 世纪 90 年代，小垫肩表现女人味的阳刚型形象开始受到欢迎，其中包括军装、西服等服装款式。（图 8-41、图 8-42）

阳刚型在简洁版型的设计基础上，把夹克、

图 8-41

图 8-42

裤子及男式西装做小、做紧，做得更贴身。这类形象服装最大限度地展示了面料质感，大多选择羊毛、粗花呢等结实的面料。在色彩上，以暗色调为主，灰色、绿色、深褐色、橄榄绿等浊色调成为主调 。在饰品上，不宜选择装饰性较强的饰品，而应选择设计简洁、大方的饰品，如搭配围巾或帽子等有助于进一步的形象提升。

阳刚型特点：独立性强的女性形象。

秀场图片精选：（图 8-43 至图 8-53）。

图 8-43

图 8-44

图 8-45

图 8-46

图 8-47

图 8-48

图 8-49

图 8-50

图 8-51

图 8-52

图 8-53

图 8-54

图 8-55

图 8-56

图 8-57

图 8-58

图 8-59

图 8-60

图 8-61

图 8-62

第五节　优雅型

风格阐述：

优雅风格是具有较强女性特征，时尚感较成熟，外观与品质较华丽的服装风格。优雅型是古典气质与现代风情的完美融合，这种风格很讲究细节设计，强调精致的感觉，最有女人味。外形轮廓线较多顺应女性身体的自然曲线，表现出成熟女性那种优雅稳重的气质风范，多用柔和的灰色调表现高雅形象。用料也比较高档，这种风格的服装展现女性高贵的气质，香奈儿的服装就是优雅风格的典型代表。它将原本复杂繁琐的女装推向简洁高雅的时代，塑造了女性高贵优雅的形象，简练中现华丽，朴素但却高雅。这类风格的饰品多为珍珠、珊瑚、丝巾等。

优雅型特点：女性高贵、优雅、端庄的形象。

秀场图片精选：（图 8-54 至图 8-62）。

第六节　活跃型

风格阐述：

活跃型也称运动休闲型。在时尚浪潮的影响下，新生了这样的形象：有着活泼鲜亮的色彩，夸张可爱的设计，轻快活跃的感觉，再添加功能性的活跃式形象（图 8-63）。它借鉴运动装设计元素，轮廓多为“H”型、“O”型，自然宽松，便于活动（图 8-64 至图 8-67）。服装面料多用棉与针织等可以突出机能性的材料组合搭配（图 8-68）。色彩比较鲜艳而明亮，白色及各种不同明度的红色、黄色、蓝色等在服装中撞色搭配（图 8-69 至图 8-71）。图案多为条纹、格子等几何形花纹，抽象花纹及活跃和华丽的花纹。此外，具有可爱的卡通图案的印花，也深受喜爱（图 8-72）。

这类形象充分地展现了当代年轻人旺盛的生

图 8-63

图 8-64

图 8-65

图 8-66

图 8-67

图 8-68

图 8-69

图 8-70

图 8-71

图 8-72

命力和青春的活力。活跃型的拥护者大多是青少年，他们喜欢设计夸张的 T 恤、休闲的拉链上衣、时髦牛仔裤、哈伦裤、彩色的紧身铅笔裤、羽绒派克大衣等服饰。

活跃型特点：活泼、亮丽、鲜明。

秀场图片精选：（图 8–73 至图 8–75）。

图 8–73

图 8–74

图 8–75

第七节　民族型 / 异域型

风格阐述：

民族型形象是带有特别宗教色彩、乡土气质和朴素感的民族服装，是从除欧洲之外的世界其他各国的民族服装和民族固有的染色、植物图案、样式、刺绣、饰品等事物中得到灵感而设计的服装款式（图 8–76）。它是通过一个民族的社会结构、经济生活、自然环境、风俗习惯、艺术传统，以及共同的审美观点等诸多因素所构成的（图 8–77、图 8–78）。这个类型的形象会展现一种知性、亲切大方的感觉。

朴素大方的天然织物类服装是民族型风格的首选。各种民族图案，经典的植物图案、几何图案都可选用。面料的颜色以明亮的色泽和对比色较多，而且使用天然染料，但会带来粗糙和沉重的感觉。民族服装的面料朴素，展现各国民族性的奇异纹样和刺绣纹样较多。饰品上也广泛使用融进本民族固有文化特色的各种花纹。这类服装的裁剪工序简单，通过无任何裁剪的围裹式款式、中东的宗教服、印加的几何形花纹、印度尼西亚的发蜡染布、印度的舍利等样式得以表现。

民族型 / 异域型特点：亲切、知性、朴素大方。

秀场图片精选：（图 8–79 至图 8–88）。

图 8–76

图 8–77

图 8–78

图 8–79

图 8–80

图 8–81

图 8–82

图 8–83

图 8–84

图 8–85

图 8–86

图 8-87

图 8-88

图 8-89

图 8-90

第八节　个性型

风格阐述：

个性型的形象产生于 20 世纪 60 年代。近几年个性化的形象又重新疯狂了起来。由于现在艺术家竭力追求表现自我，纷纷打破传统风格，从而出现了各种流派。他们以游戏的心态为原则，以非理性、非和谐、以丑为美等为流派总称。他们以不惧强权、不媚世俗的文化立场，独立的个人经验、感受及创作， 活跃于各种艺术活动中，往往惊世骇俗。 这类服装面料特别，跨度较大，可以从最原始的棉麻到高科技的最新型面料。款式个性化。

个性型的特点：服装追求表现自我，打破传统，搭配自由，突出个性。

秀场图片精选：（图 8-89 至图 8-98）。

图 8-91

图 8-92

图 8-93

图 8-94

图 8-95

图 8-96

图 8-97

图 8-98

一、练习题

1. 服饰风格从造型角度分为八种，分别为：经典型、______、______、______、______、______、______、民族型。

2. 选择收集相关图片资料，把感兴趣的表现形式和自己的创意结合起来，设计系列服装。（不得少于 5 款）

二、思考题

1. 图案的搭配需要遵循哪些原则？如何通过图案的搭配体现服饰风格？

2. 如何结合服饰色彩与款式的特点，使整体风格达到统一和谐，体现不同的服饰风格？

3. 设计表现浪漫型风格形象的方法及要领是什么？

三、风格测试题

1. 自我风格归类练习（观察、发现、分析）

用拍照的方式记录自己一周内衣着的搭配，一周后将照片进行分析、总结，找出自己的穿衣风格，寻找自己的 style。（小组练习，相互测试）

2. 品牌风格认识

收集十个喜欢的服装品牌，并对其品牌风格作归类、分析、阐述练习。

3. 通过搭配饰品，进一步深化对服饰表现力的认识，锻炼服装选择与组合搭配能力

任选饰物，针对不同对象、不同场合进行搭配设计练习。

第九章
汉服

汉服是传统文化不可缺少的一部分。明末清初，汉服开始淡出。民主运动兴起后，西方服饰文化慢慢引入中国，特别是改革开放以后，流行的几乎都是欧美风格，汉服在很长一段时间里呈现“断层”现象。近十年来，汉服逐渐被年轻人所重视，越来越多的年轻人热衷于穿汉服，了解汉服文化。汉服越来越多地出现在大街小巷，进入人们的视野，为人们所熟知。

第一节　汉服概论

汉服，全称是“汉民族传统服饰”，又称汉衣冠、汉装、华服，是从黄帝即位到公元 17 世纪中叶（明末清初），以“华夏—汉”文化为背景和主导思想，以华夏礼仪文化为中心，通过自然演化而形成的具有独特汉民族风貌性格，是中国“衣冠上国”、“礼仪之邦”、“锦绣中华”、赛里斯国的体现，承载了汉族的染织绣等杰出工艺和美学。

与汉族一词类似，汉服中的“汉”字的词义外延亦存在着由汉朝扩大为整个民族指称的过程。如《马王堆三号墓遣册》关于“汉服”最早的记载：简四四“美人四人，其二人楚服，二人汉服”中的“汉服”是指汉朝的服饰礼仪制度，即《周礼》《仪礼》《礼记》里的冠服体系。

第二节　汉服的起源与发展历史

《史记》认为，华夏衣裳为黄帝所制，在黄帝之前，未有衣裳屋宇，所以黄帝“造屋宇，制衣服，营殡葬，万民故免存亡之难”。我国早在 5000 年以前就产生了原始的纺织业及农业，那时候人们就开始用织成的麻布做衣服，据说黄帝的妻子嫘祖就是丝蚕与丝纺的祖先。而后经过商周两朝 1000 多年的发展至西汉时期，符合士、农、工、商所有阶层的汉服样式正式确立，也标志着汉服文化的起源。现代湖北宜昌远安的蚕妇还会祭拜嫘祖雕像，祈求丰收。

汉服经过西汉至明末清初近 1600 年的历史，逐渐形成了上衣下裳的冕服、朝服等帝王百官在隆重或正式场合穿的礼服。上衣下裳中上下分开的常服及妇女喜爱穿的襦裙，就是古代的常服之一，齐腰襦裙又包括交领襦裙（图 9–1）与对襟襦裙（图 9–2、图 9–3），襦裙的深衣袖子很长，袖口非常宽，上衣与下裳分开裁剪，但是腰部会连在一起，这种衣服在古代就是女子礼服的一种，只有在重要的场合才穿。现在穿的齐胸襦裙大多数都是唐代穿的齐胸襦裙制式（图 9–4）。宋代时期，读书人的地位得到提高，人们根据唐代的齐胸襦裙发明了齐腰襦裙，这样既显现出女子婀娜的身材，又能衬托出一种儒雅的气质。为了更加

图 9–1

图 9–2

图 9–3

图 9-4

图 9-5

图 9-6

衬托女子的魅力与雍容华贵，古代的女子会在梳的发髻上佩戴步摇（图 9-5）、珠花（图 9-6）等各种饰品。

第三节　汉服的特点及汉服中蕴含的中国传统文化

右衽是汉服始终保留的特点。因此右衽成为汉族的象征符号之一。交领就是胸前的衣服左右相交，而右衽就是左边覆盖右边，将左边的衣服系在右胳膊下面，这样也正好把系带隐藏起来，衣服显得更加美观（图 9-7）。与之相反，中国古代一些少数民族的服装，前襟向左掩，异于中原一带的右衽，称为左衽。

汉族文化以右为尊，所以衣服上只有右衽。唐朝孔颖达注《礼记》时称："生乡右，左手解抽带，便也。死则襟乡左，示不复解也。"其中蕴含了中国易经文化中阴阳学说。

大意是说：活着的人用左襟包住右襟，方便用左手解开系衣服的带子。死去的人就用右襟包住左襟，因为他不需要再解开衣襟了。

汉服的系带、褒衣广袖等特点更加凸显出身穿汉服女子的飘逸灵动、柔美雅致的美感。

这一款（图 9-8）属于中晚唐时期的款式，特

图 9-7

图 9-8

点比较明显，袖子很宽，往往要到四尺以上。

当时的贵族礼服，一般会穿在重要的场合，所以汉服又称“花钗大袖”。

第四节　汉服的形制（款式）

汉服的款式虽然繁多复杂，并且还有礼服、常服、特种服饰之分，但是仔细分析归类，根据其整体结构主要分为三大类，深衣制（上衣下裳缝在一起）、上衣下裳制（上衣和下裳分开）、襦裙制（襦，为短衣）。其中，上衣下裳的冕服、朝服为帝王百官最隆重正式的礼服；袍服（深衣）为百官及士人常服，襦裙则为妇女喜爱的穿着。普通劳动人民一般上身着短衣，下穿长裤。

一、深衣制

“上衣下裳”连在一起的深衣制。因为其上下相连，“被体深邃”，称之为深衣。

深衣包括：褙子、圆领袍衫、道袍、曲裾、直裾、袍、直裰、长衫等，这类属于长衣类。深衣最大的特点是上衣和下裳分开裁剪，在腰部相连，形成整体；衣服缝成一体是为了方便，但上下分裁则是为了遵循古制传统。深衣男女均可穿，既可被用作礼服，又可日常穿着，是一种非常实用的服饰，它也是君主百官及士人燕居（指非正式场合）时的服装，属于休闲类服饰。从先秦到明代末年，深衣普及率很高，流传的时间有三千多年，其服饰形制逐渐形成了深衣制。

（一）褙子

褙子，又名背子、绰子、绣褔，是汉民族汉服传统服饰的一种。其样式以直领对襟为主，腋下开胯，腰间用勒帛系束，下长过膝，逐渐成为后世女子的一种常礼服。（图 9–9）

男装褙子宽松，女装褙子窄小。男子一般把褙子当作便服或衬在礼服里面的衣服来穿。而妇女则可以当作常服（公服）及次于大礼服的常礼服来穿。

（二）圆领袍衫

圆领袍衫（图 9–10）也称“袍衫”“上领袍”，袍为夹衣，衫则为单衣，后来被统称为袍。这种袍服的左右襟在胸前交叠掩合后，以衣带或纽扣将衣襟上提至颈部，固定在颈一侧，配合适当的裁剪形成一个圆形领口，这种闭合方式与传统汉服的“交领右衽”迥异，将人体遮挡得更为严密，增强了对风沙的抵御作用。

南北朝时期，北魏开始将其作为正装穿着于外，流行于隋唐至明末。宋朝以后，圆领袍成为官员们的正式服装之一，在后来的明朝也被大量运用，明朝的圆领袍（图 9–11）、配上补，成为了分辨官位阶级的最方便的方式。

（三）道袍

道袍（图 9–12）是明代极其流行和典型的一种便服，上自天子下至士庶，无不把道袍当作日常穿着的主要服饰之一。

道袍形制为：直领、大襟、右衽、大袖收口，衣领镶嵌有白色的护领，道袍可以作衬袍或平民男子婚服。两侧开衩，接有暗摆，暗摆打三个褶或不打褶，以系带系结，穿着时可配丝绦、布制细腰带或大带。

（四）曲裾

曲裾（图 9–13），流行于秦汉时期。

曲裾是汉服的一种款式。按照《礼记》记载，深衣一大特点是“续衽钩边”，也就是说“这种服饰的共同特点是都有一幅向后交掩的曲裾”。

出乎意外的是，普通的短曲裾不是在膝前交叉，而是绕到背后，如洛阳金村出土的银人像。

古代深衣之裳共有十二幅，皆宽头在下，狭头在上，通称为衽，接续其衽而钩其旁边者为“曲裾”。

西汉马王堆出土过曲裾袍的实物及木质雕刻品。曲裾一般是交领、右衽，衣襟的末端绕背后固定即可。因为绕背的缘故，裙摆常呈现螺旋的纹样，十分优雅漂亮，还有修饰身材的作用。

曲裾深衣后片衣襟接长，加长后的衣襟形成三角，经过背后再绕至前襟，然后腰部缚以大带，

图 9-9

图 9-10

图 9-11

图 9-12

图 9-13

图 9-14

图 9-15

可遮住三角衽片的末梢。这一状况可能就是古籍资料提到的“续衽钩边”。“衽”是衣襟，“续衽”就是将衣襟接长，“钩边”是形容绕襟的样式。

二、上衣下裳制

“上衣下裳”分开的“深衣”制，包括冕服、玄端等，是君主、百官参加祭祀等隆重仪式的正式礼服。“上衣下裳”，顾名思义是分为上身穿的衣物和下身穿的衣物。如袄裙、长袄、马面裙、玄端、宋裤等。华夏服饰自古以来，崇尚“上衣下裳”，并规定“衣正色，裳间色”，也就是说，上衣颜色端正且纯一，下裳则色彩相交错。这种方式好比是“天玄地黄”，因为天是清轻之气上升而成，所以用纯色，地是重浊之气下降而成，所以用间色。图 9-14 为玄端，主要用于祭祀、成人礼、婚礼等重大礼仪场合，多为男子穿着。

（一）袄裙

袄裙（图 9-15）是对古代汉族女子上身穿袄，下身穿裙的统称。袄裙着装，从唐代开始就有记录，一直到民国。现代一般谈论袄裙时指的是明代的袄裙着装。以上身穿袄，下身穿裙的基本语境来定义袄裙一词。汉服中的“袄裙”一般指的是明代有里子的双层的上襦和下裙（裙子一般为单层）的服装，也就是袄是袄，裙是裙。

这里说的“袄裙”是中国服饰史中女装的一种通称，不是固定术语。

袄裙的款式也影响了朝鲜宫样及中国其他民族的服饰。

（二）长袄

典型的明代穿着。明制女袄、女衫较有特色，外衣多为收袖口的琵琶袖，袖口可有缘边，领子加护领。全部都是右衽，袄子内搭配立领、交领。女袄衫长度有长有短，有交领、竖领、方领、对襟等。此外，明代的女袄衫和男袄衫一样，也有直袖和箭袖。

（三）马面裙

马面裙，又名“马面褶裙”，中国古代汉族女子的主要裙式之一，前后里外共有四个裙门，两两重合，外裙门有装饰，内裙门装饰较少或无装饰，马面裙侧面打裥，裙腰多用白色布，取白头偕老之意，以绳或纽固结。（图 9-16）

（四）玄端

玄端为上衣下裳制，玄衣用布十五升，每幅布都是正方形，端直方正，故称端。又因玄端服无章彩纹饰，也暗合了正直端方的内涵，因此称之为“玄端”。

（五）宋裤

宋代妇女服饰，宋裤一般为双层穿搭，外层

图 9–16

图 9–17

图 9–18

图 9–19

两侧开衩。多搭配褙子、衫等。开衩处略带暗褶。宋制开边裤是宋代女性常用的裤子款式之一。宋代妇女以裙装为主，但也有长裤，并不是古代每个人都要穿裙子。（图 9–17）

三、襦裙制

襦裙制，主要有齐胸襦裙、齐腰襦裙、对襟襦裙等。“襦裙”实际上也属于上衣下裳制，但是，这种划分方式没有严格的礼仪规定，且在汉服的类别上地位特殊，因此单独分类进行介绍。襦裙从有实物考证的战国时期开始，终于明末清初的“剃发服”，是汉族传统服装最基本的形制。

（一）齐胸襦裙

齐胸襦裙（图 9–18），短上襦加及胸长裙。现代在有关唐朝的电视剧里经常能看见这类齐胸襦裙。领子的样式，也有三种：对襟直领、交领、袒领等。齐胸襦裙最适合丰满的小可爱同胞们穿着，身材纤细的不能撑起胸前的胸带。

这是隋唐五代时期特有的一种女子襦裙的称呼，他们会把襦裙束得很高，一般会在胸部以上，所以得来这个称呼。

（二）齐腰襦裙

对襟齐腰襦裙（图 9–19）。襦裙是中国古代汉族人民的一种传统服饰，而对襟襦裙则是襦裙的一类，顾名思义就是对襟领的齐腰襦裙，其上襦为至领，衣襟呈对称状，故称对襟襦裙。与其他形制相比，襦裙有一个明显的特点，上衣短，下裙长，上下比例体现了黄金分割的要求，具有丰富的美学内涵。它们的共同特点：平面裁剪、多缘边等。襦裙由短上衣加长裙组成，即上襦下裙式套装，穿着对襟襦裙，上襦内必须要搭配一

图 9-20

图 9-21

图 9-22

条抹胸。这个款式身材瘦削的小可爱同袍就非常合适。腰线较高，整个人看起来会产生腿长“2 米 8”的感觉。

第五节　汉服对其他少数民族服饰的影响

一、布朗族

布朗族（图 9–20）服饰和汉服的合影，布朗族的服饰看得出是交领，上衣下裙。

二、傣族

傣族（图 9–21）服饰和汉服对比，可以看出傣族服饰中间有盘扣。虽然盘扣在明朝士兵服饰就已经出现，但是发扬光大的还是清朝，从此汉服的绳系被盘扣取代。

三、白族

白族（图 9–22）服饰是交领右衽，不过经过演变，加了盘扣。

第六节　汉服对周边国家服装的影响

一、韩服

韩服发展成高腰定型后，则与汉服的齐胸襦裙相似了，以致误认。韩服与袄裙的区别在于上衣的长短，系带的位置。韩服上衣短小至胸，胸前系长带，而汉服上衣至腰，于右侧腋下系带。韩服与齐胸襦裙的区别是：韩服（图 9–23）上襦在外，盖住裙头，Y 领近乎 V 型，下裙膨大；齐胸襦裙上襦在内，裙子系在上襦上，对襟领，裙子自然下垂，没有韩服蓬松。

图 9-23

二、和服

和服（图 9–24）是从我国的唐朝时期传到日本的，大和民族又将它演变成了现在这种背后有个“包袱”的样式，风格上很类似唐代的汉服，如越南、泰国等东南亚地区都受到汉服服饰文化深远的影响。

除服饰外，身着和服时的化妆、发饰保留了唐代“两鬓抱面”的样式，梳子和步摇（类似簪子，带流苏，晃动有声）经常作为头发上的一种装饰。

不难看出，中国汉服服饰文化对周边国家的辐射和影响。

图 9–24

第七节　汉服的复兴与改良

在汉服改良上，走上巴黎时装周的品牌盖娅传说（图 9–25）代表了另一种趋势，在时尚的国际视野中，具有汉元素甚至华夏元素的高定服装正在获得关注，中式审美也不再是一些简单的中国符号元素的挪用拼贴，而是通过面料、刺绣、版型设计体现东方文化与审美。（图 9–26 为现代道袍，图 9–27 为自制汉服，图 9–28 为现代曲裾）

图 9–25

图 9–26

图 9–27

图 9–28

第八节　汉服元素在现代人物造型设计中的运用

汉服元素在当今人物造型设计中可谓是随处可见。在我们发扬传统服饰文化的同时，我们也可将传统汉服中的特色元素提取出来对服装或人物造型进行设计与改造。小到一个配饰，大到整体服装造型，都可以从人物造型设计中体现出来。（图9–29至图9–42）

图9–29

图9–30

图9–31

图9–32

图9–33

图9–34

图 9-35

图 9-36

图 9-37

图 9-38

图 9-39

图 9-40

图 9-41

图 9-42

人物形象设计

第十章
表情管理和礼仪

第一节　充满魅力的表情——微笑

脸是人体最具表演能力的部位。我们的脸部有 80 多块肌肉，可以做出 7000 余种表情。通过脸部表情，人们可以表达自己内心的想法，也可以用来判断他人的心思。（图 10–1）

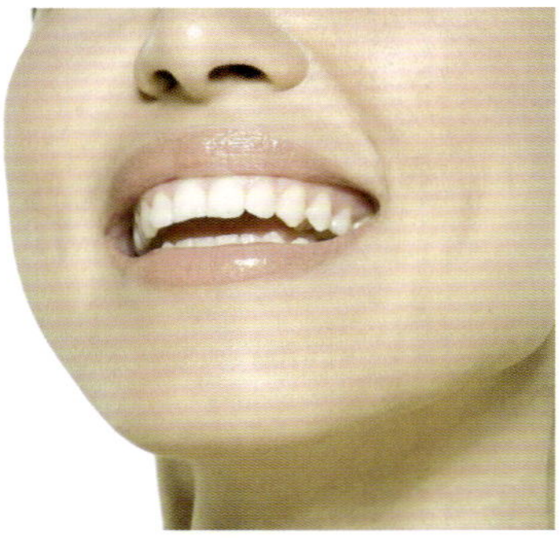

图 10–1

图 10–2

某些表情在不同的文化中可能代表着不同的含义，而微笑则是一种世界通用的表情，是最有魅力的表情。不管你来自于世界何方，微笑总能传递给他人友好的信息，给人带来幸福与欢乐。据调查，在决定第一印象的众多要素中，外貌（形体、表情、着装、态度、姿态等）占 80%。不难看出，外貌在决定第一印象中起着很大的作用。人们常说，外貌的核心在于脸部，所以表情是赢得对方好感的重要因素。（图 10–2）

“表情是不花一分钱就可以获得的魅力，微笑是今天送给你们的一份特别的礼物。”想一想，你从小学、中学、大学，苦学了十几年，有了一张张的文凭，背会了几千个单词，掌握了一门或几门流利的外语，借由这些努力，你增添了才学和事业的魅力。你希望得到人们的认可、尊敬和喜爱，可这样的努力多么艰辛和不易。而一个微笑却会迅速改变你，让人喜欢你。

文明社会需要微笑服务，因此有人也将微笑服务称为“职业性微笑”。各个航空公司的空姐在上岗之前要接受礼仪训练，其中重要的一项就是如何微笑（图 10–3）。比如日本等国的航空公司的学员就要在教官的指导下进行长达 6 个月的微笑训练，以便应对不同的乘客及各种飞行条件。

图 10–3

图 10–4

在 2008 年北京奥运会期间，有一个志愿者口号，叫“微笑是志愿者最好的名片”。在北京奥运会期间，志愿者脸上的微笑给各国宾客留下了深刻的印象，也让他们感受到了中国人民的友好与真诚。一个人的微笑是个人的表情，千百万人一起微笑就是一座城市、一个社会的表情。而微笑是北京最好的名片，现在全世界人民都感受到了北京的热情好客。（图 10–4）

为了迎接北京奥运会，为奥运会服务的各个部门的人员都经过了艰苦的训练。在 2008 年北京奥运会中要求志愿者微笑时只能露出 6~8 颗牙齿。为了达到这个要求，志愿者们在训练微笑时，都会咬着一根筷子。

下面我们就来一起看看如何拥有迷人的微笑吧！（图 10–5）

一、对镜微笑

端坐在镜前，整理好衣装，以轻松愉快的心情，调整呼吸自然顺畅；静心 3 秒钟，开始微笑，双唇轻闭，使嘴角微微翘起，面部肌肉舒展开来；同时注意眼神的配合，使之达到眉目舒展的微笑面容。如此反复多次。

二、模拟微笑

一是轻合双唇；二是两手食指伸出，指尖对接，放在嘴前 15~20cm 处；三是让两食指指尖分别向左、右缓慢匀速移动，使之拉开 5~10cm 的距离。同时嘴唇随两食指移动速度而同步加大唇角的展开度，并在意念中形成美丽的微笑。

三、情绪诱导

情绪诱导就是设法寻求外界物的诱导、刺激，以求引起情绪的愉悦和兴奋，从而唤起微笑的方法。比如，打开你喜欢的书页，翻看使你高兴的照片、画册，回想过去幸福生活的片段，播放你喜欢的、容易使自己快乐的乐曲等，以期在欣赏和回忆中引发快乐和微笑。有条件的话，最好用摄像机摄录下来。

四、记忆提取

据说这是演员在训练中常采用的一种方法，也被称为“情绪记忆法”。就是将自己过去那些愉快、令人喜悦的情景，从记忆中唤醒，使这种情绪重新袭上心头，享受那惬意的微笑。（图 10–6）

图 10–6

五、观摩欣赏

观摩欣赏是几个人凑在一起，互相观摩、议论，互相交流，互相鼓励，互相分享开心微笑的一种方法。也可以平时留心观察他人的微笑，把精彩的“镜头”封存在记忆中，时时模仿。

六、含箸法

道具是一根洁净、光滑的圆柱形筷子（不宜用一次性的简易木筷，以防划破嘴唇），把筷子横放在嘴中，用牙轻轻咬住（含住），以观察微笑状态。这也是 2008 年奥运会志愿者在训练时采用的方法。

七、意念法

意念法是一种已经有了微笑训练基础或者善于微笑的人，不用对镜或其他道具，而用意念控制、驱动双唇，以求达到最佳微笑状态的训练法。

这种方法好处有：一是不必照镜子，二是可以随时随地、悄无声息地进行，三是这是培养微笑意识和微笑习惯的最佳途径。

以上方法可以配合使用，对镜法和意念法如能与记忆提取法配合进行，效果尤佳。

八、辅助法

辅助法是训练面部及相关部位肌肉的活动灵活性，使微笑更自然、更美丽动人的一种间接训练方法。

1. 面部按摩

在面部轻涂一层按摩霜，从面庞的中央部分开始，向两边轻轻地按摩。一般 10~15 分钟即可，主要目的是训练面部肌肉的活动、舒展，有助于微笑得更美丽。（图 10–7）

图 10–7

2. 头颈部运动

一是站直或坐直，使颈部轻轻地左转—复位—右转—复位—左转，如此反复多次。二是前后向位，即低头—

复位—仰头，反复多次。三是轻缓地使颈部做旋转运动，反复多次。

3. 唱歌

心理学家认为唱歌可以调整人的情绪，可以治病；美容专家认为唱歌可以美容，可以使面部的肌肉群发生有节奏的运动，有益于促进面部血液循环和营养的供应，增强面部组织细胞的活力，从而使面容增色且皮肤富有弹性。因此，我们认为经常唱歌对微笑训练有帮助。

既然如此，在唱歌之前和之后，都不要忘记微笑一下。

4. 咀嚼、鼓腮、漱口

经常有意无意地重复咀嚼、鼓腮、漱口动作，对皮肤健康和微笑训练都是有益的。

最感人和最动人的微笑，一定是发自内心的，真挚和真实的。微笑，是一种世界性语言；微笑，是一种礼貌；微笑，是一种友好的表示；微笑，是一种交际的手段；微笑，是一种自信的象征；微笑，更是一种心理健康的表露。从今天开始，学会微笑吧！（图 10–8）

图 10–8

第二节　充满魅力的声音

心理学家认为，声音决定了 38% 的第一印象。当人们看不到你时，音质、音调、语速的变化和表达能力决定了你说话可信度的 85%。

人说话的声音器官就像一件乐器，只有经过特殊的训练和学习，才能发出动听的声音，才能演奏音乐，表达感情。尽管人人都在说话，但除了专业的演艺人员、播音员外，很少有人知道如何运用这件奇妙的乐器去展现自己的魅力。这是一个被人遗忘的极需要美容的地方。一个人体形胖点，皮肤黑点，甚至五官长得不是很美，时间长了人们都可以习以为常，但一个人说话声音难听，却很难让人接受。（图 10–9）

日常生活中，我们应该充分地运用“声音形象”。运用得好，可以改变你的生活和事业；运用得不好或不注意自己的“声音形象”，也会带来负面的影响。下面我们来看两个例子：

相信很多读者都看过从国外引进的经过本国电影制片厂重新译制配音的电影。那些配音演员的声音对于塑造人物的形象起到了至关重要的作用。比如在电影《佐罗》中，除了佐罗英俊潇洒的形象外，配音演员童自荣的声音就起了关键作用。童自荣既不是佐罗，也不是影片中的骑士。可是，即便你从来没有见过童自荣，你也会把他想象成一个帅气十足、风流儒雅的男士，这是因为声音的作用。

在街上有时候还能遇到这样的情况：一个样子漂亮、穿着非常得体的年轻女子向你迎面走来，本来这是一幅很美好的画面，但是她突然拿起了手机，对着电话大嚷大叫，你对她的美好印象因此就破灭了。即便是一位绝世美女，如果不懂得控制自己的声音，也不可能给人留下良好的印象。

声音由体内器官发出，反映着人体的很多状态，如情绪、情感、年龄、健康状态、喜好等。有人说“声音是人裸露的灵魂”，声音能透露心灵的世界。声音是一种能量，能影响和作用他人。温婉的声音，让人产生信任感；甜美的声音，让人乐于倾听。声音能够表现个性，传递性情。人与人之间更多更深的交往总是依赖语言，如果能够懂得声音的重要性并努力地调整和改变，生活会顺利和愉悦很多。（图 10–10）

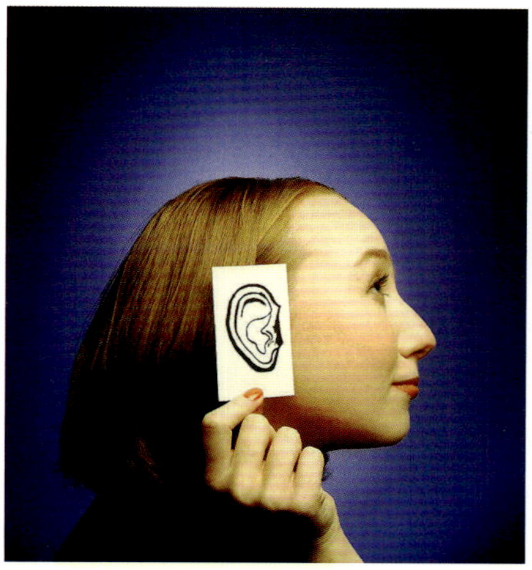

图10-9

图10-10

图10-11

声音的魅力如此巨大，就连多位美国总统也上过专门的声音训练课程。根据每个人的声音条件，应分别进行针对性训练。而不管你是谁，第一堂训练课教的内容都是把声音降低，尽管你的声音已经很低，专家还是会要求你再尝试降低自己的声音。大多数中国人说话声音都很大，尤其是当众讲话的声音太尖、太响。高而尖的声音会使人觉得你年轻、不成熟。受过训练的声音和没有受过训练的声音是有很大差别的，比如电视里的主持人和播音员，他们运用的声音都是低沉而有力度的，是从腹腔里发出的声音，自然而绝不做作。自己的声音要靠自己来训练。首先，挺胸、收腹，做出正确的发声练习姿势。其次，声音容积和调门能够传递出不同的内容。比如心情兴奋时声音会自然调高、语速加快；而平静时声调则会下降、语速平缓。最后，要把生动感、画面感融入声音之中，进行充满活力和自信的发声练习。如果想知道在别人耳中听到你的声音是怎样的，可以用录音机把自己说话的声音录下来，然后放给自己听。这样反复练习，反复听，就能检验自己对声音的训练是否取得了满意的效果。（图10-11）

通过训练，不仅能发出充满魅力的声音，言谈也会充满自信，并给对方以信任感，从而在社会生活中获得他人的肯定。

第三节 得体的礼仪

在百科书中，礼仪是被这样解释的："礼仪是指人们在社会交往中由于受历史传统、风俗习惯、宗教信仰、时代潮流等因素而形成，既为人们所认同，又为人们所遵守，是以建立和谐关系为目的的各种符合交往要求的行为准则和规范的总和。总而言之，礼仪就是人们在社会交往活动中应共同遵守的行为规范和准则。"所以，礼仪是人际交往中约定俗成的给人以尊重、友好的习惯做法，也是一个人内在修养的外在表现。得体的礼仪可以帮助我们体现出自身的价值及对他人的尊重。

一、问候礼仪

在现实社会中，称呼是每个人都无法回避的问题。在商务场合等较正式的场合中，一般对男子称先生，对已婚女子称夫人，对未婚女子统称小姐，对婚姻状况不明的女子可以称为女士。而在普通场合中，可以先观察他人对对方的称呼，与他人保持一致就可以了。在多人场合中，称呼别人时应遵循先上级后下级，先长辈后晚辈，先女士后男士，先疏后亲的顺序进行。（图10-12）

一个完整的问候，应包括称呼和打招呼两部分。打招呼的方式很多，应依据具体场合进行合理运用。注意：如果遇到认识的人不主动打招呼

图 10–12

或者别人给你打招呼而你装作没看见，都是不礼貌的行为。

二、交换名片礼仪

名片在现代社会特别是商务交往中最为常用。名片具有便于携带、使用、保存和查阅等特性，因而成为必不可少的交际联系工具。（图 10–13）

名片的交换一般涉及四个问题，即索取名片、递送名片、接受名片和放置名片。在索取名片时，可以先把你自己的名片给对方，一般情况下，对方出于礼貌，也会将他的名片递送给你，所以这是最便捷的索取名片的方法。在递送名片时，一般应先作简洁的自我介绍，再递送名片。名片交换的顺序是客先主后；身份低者先，身份高者后；当与多人交换名片时，应依照职位高低的顺序，由尊到卑，或由近及远，依次进行，切勿跳跃式地进行，以免被对方误认为厚此薄彼。递送名片时，应身体微微前倾，面带微笑，眼睛注视对方，双手呈上名片，将正面的字迹面向对方，并大方地说："这是我的名片，请多关照。"如果自己的姓名中有不常用的字，最好能将其向对方说明。在接受名片时，态度要恭敬诚恳，体现对别人的尊重，接过名片后应仔细看一遍，绝不可急于收藏，更不能随便塞进衣袋。对不认识的字或不明白的地方可以当面请教，对方一定会感到高兴。如果同时与许多陌生人交换名片，可将名片依座次顺序排列，便于记住各人的名字。放置名片时，不可随意摆弄或丢在桌上，应放在专门的名片夹里，以表示尊重。

三、握手礼仪

对于人与人之间的见面礼，不同国家有不同的习俗。而握手算得上一种世界通行的见面礼仪（图 10–14）。在与人初次见面、告别、表示祝贺或感谢时都可以用握手来表示情谊。握手是握住对方的手上下抖动的动作，通常伸右手。这是最常用的握手方式。掌心向里，可以向他人显示出自己友善的态度，有时候为了表达自己的深厚情意，可以伸出双手去捧接。根据礼节，握手的顺序为先女性后男性、先年长后年少、先前辈后晚辈、先已婚者后未婚者、先上司后下属等。注意：

图 10–13

图 10–14

当别人忽略了握手的先后顺序已经伸出手时，应该毫不迟疑地立即回握。握手时要掌心相握，注视对方的眼睛，面带诚挚、亲切的笑容。老朋友握手时要紧紧相握，对尊敬的长者要双手拥握，对女性不可握得过重。握手忌用力过大，给人粗鲁之感；忌用力过小，给人拘谨或傲慢之感；忌漫不经心，东张西望，给人无礼的感觉。

四、餐桌礼仪

中国有句古话："民以食为天。"可见饮食在人们的日常生活中扮演着多么重要的角色。不论是为了增进感情，还是为了商务事宜，人与人之间很多的交流活动都是在餐桌上完成的。餐桌礼仪可以表现出一个人的修养。要与对方共进佳肴并创造出快乐美好的时光，人们需要掌握餐桌礼仪。在招待客人就餐或者被邀请就餐时，人们只需花费一点精力练习餐桌礼仪，就会浑身上下充满魅力。而不同的国家有不同的饮食习惯，自然也会有不同的餐桌礼仪。为了适应各种就餐环境，下面我们分别来学习一下中餐和西餐中的礼仪。

先来看看中餐的礼仪。

中餐的桌子一般有两种，一种是长方形桌子，另一种是圆桌。一般情况下，座位的安排应以主人的位置为中心，要把最重要的来宾安排在主要的位置，而通常主人的右手边为最主要的位置。面对门的位置是上座，而背对着门的位置是下座。一般来说上座的右边是第二号位，左边是第三号位，以此类推。如果主宾的身份高于主人，为了表示尊重，也可以请主宾坐在主人的位置上，主人坐于主宾的位置。

中餐的餐具一般包括杯、盘、碗、碟、筷、汤匙等。其中筷子是最常用的工具。虽然对于国人来说，筷子使用起来很简单，但还是应注意使用筷子的礼仪。在用餐过程中，忌把筷子当成道具，边与人说话边随意舞动；忌用筷子去推饭碗等；忌用舌头去舔筷子上的残留食物；忌用筷子去敲击杯碟等。勺子是用来取汤汁食品的。中餐中一般有公勺和个人专用勺之分。一般应先用公勺把汤菜盛入自己的碗中，再用个人专用勺来食用。喝汤的时候尽量不要发出声音。暂时不用勺子时，应将它放在自己的碟中。（图 10-15）

图 10-15

接下来，再看看西餐中的礼仪。

随着现在人们生活方式的改变和涉外活动的增多，吃西餐的场合也越来越多了。不同于中餐的餐桌，西餐的餐桌通常是长方形的，西方习俗是男女交叉安排，即使是夫妻也是如此。如果男女二人同去餐厅，男士应请女士坐在自己的右边，还得注意不可让女士坐在人来人往的过道边，若只有一个靠墙的位置，应请女士就座，男士坐在她的对面；如果是两对夫妻就餐，夫人们应坐在靠墙的位置，先生则坐在各自夫人的对面；如果两位男士陪同一位女士进餐，女士应坐在两位男士的中间；两位同性进餐，那么靠墙的位置应让给其中的年长者。最得体的方式是左侧入座，用餐时，坐姿要正，身体要直，一般坐于座椅的3/4，不可伸腿或者两腿交叉，更不能跷二郎腿。

西餐的餐具主要包括刀、叉、匙、盘、杯和餐巾。食用西餐时，应右手持刀，左手持叉，先用叉子将食物按住，然后用刀切成小块，再用叉送入口中。在正规宴席上，每一道菜配一套相应的餐具（刀、叉、匙），并以上菜的先后顺序由外向内排列。进餐时，应先取左、右两侧最外边的一套刀叉。每吃完一道菜，将刀叉合拢并排置于碟中，表示此道菜已用完，服务员便会主动上前撤去这套餐具。如尚未用完或暂时停顿，应将刀叉呈八字形左右分开或交叉摆在餐碟上，刀刃向内，意思是告诉服务员“我还没吃完，请不要把餐具拿走”。使用刀叉时，尽量不使其碰撞，以免发出大的声音，更不可挥动刀叉与别人讲话。（图 10-16）

图 10-16

暂时离开座位时，可以把餐巾折好，放在椅子上；用餐完毕后，把餐巾折一下，再放在桌子上餐盘的右边便可以离席了。

五、世界各国礼仪

随着国际化时代的到来，到国外旅行、留学、商务访问的机会也越来越多。只有掌握所到之处的礼仪，才能与人进行圆满的交流。为了促成国际的商务合作，需要理解不同文化之间的差异，自然接受并付诸行动之中。到了陌生的国度，更需要在礼仪上花费心思。前往他国之前，最好熟悉该国特有的风俗习惯并照此行动，下面我们简单介绍一下部分国家的风俗礼仪。

1. 美国

美国的全称是美利坚合众国（The United States of America）。它位于北美洲，是世界第一经济大国，官方语言是英语。主要的宗教信仰是基督教和天主教。随着英语教育在中国的普及，在与美国人的交流过程中，语言对于很多人而言，已经不是主要的限制因素。那么在交往过程中我们应首先注意的一点，就是名字的称呼。与中国人的习惯不同，美国人不论年龄、辈分还是社会阶层，大家都喜欢直呼姓名，以此表示友善亲近。很多美国人觉得“先生”“小姐”等称呼拉远了人与人之间的距离，也显得过于拘谨。而那些正式头衔一般用于一些专门职业人士，比如医生、教授等，一般不会把“主任”“主席”等行政职务用于称呼之中。

美国人除了正式的商务场合外，美国人的穿着偏好于简单休闲，以舒适为原则。

美国人性情直爽，热情好客，他们喜欢访客事先通知自己，只有非常亲密的朋友才可以不请自来，尤其当访客要待好几天时更是如此。至于受美国人邀请去拜访时，是否带礼物的问题常使客人不安。在某些文化中，送主人礼物不只是社交礼节——还是必要的。但是在美国文化中，客人并不一定要带礼物。当然，有些人的确会带个表示感谢的小礼物送给主人。一般来说，花和糖果都是适宜的礼物，如果这家有小孩，就可以送玩具。大多数非正式的聚餐，你应该穿舒适、轻便的衣服。设法准时到，否则打电话告诉主人你会晚点到。用餐时，习惯上人们会称赞女主人烹调的美食。

还有一个需引起注意的问题。美国是一个非常流行付小费的国家，尤其是在服务行业，如餐饮、酒店、出租车等行业，15% 的小费是少不了的，多的时候小费可以达到 20%~25%。所以，当你去了美国，别忘了付小费给为你服务的人，否则会被人看作小气，喜欢占人便宜。

2. 英国

英国的全称是大不列颠及北爱尔兰联合国（The United Kingdom of Great Britain and Northern Ireland）。面积为 24.4 万平方公里，人口为 6000 多万。它坐落于欧洲，大多数的人信仰基督教。（图 10-17）

英国包括英格兰、苏格兰、威尔士和北爱尔兰四部分。如果对这四个地区的人不加区分，统称为英格兰人（English）是不礼貌的。与前文所

图 10-17

述的美国人不同，英国人讲究穿戴，重视仪容。他们出门时一般都是衣冠楚楚的。按照英国商务习俗，商人穿三件套式西装，打传统保守样式的领带。他们待人接物彬彬有礼，讲话客气，所以同英国人讲话时，需要特别注意“谢谢”“请”等礼貌性词语的使用。

英国人的时间观念很强，拜会或者洽谈生意，必须事先预约，并最好提前一点到达。但在不是公事的私人场合，如被邀请到人家里做客时，早到是不礼貌的。因为主人可能还没有准备好，这会使他难堪。最好带点花费不多的小礼品去。需注意，白色的百合花在英国象征着死亡，不宜送人。

练习题

1. 了解微笑和声音的重要性，掌握拥有迷人微笑和动听声音的几种方法并进行练习。

2. 举例说明礼仪的重要性及得体的礼仪表现在哪些方面。

3. 举例说明不同国家的礼仪文化及特点。

参考文献

羽西．听礼仪专家讲故事 [M]. 北京：当代世界出版社，2008.

王琪．现代礼仪大全 [M]. 北京：地震出版社，2005.

金正昆．社交礼仪 [M]. 北京：北京大学出版社，2005.

冯玉珠．餐饮礼仪全攻略 [M]. 北京：对外经济贸易大学出版社，2005.

毛永年，林莹．现代中餐礼仪 [M]. 上海：上海科学普及出版社，2008.

马克·西门．面部表情大全 [M]. 谢未，译．上海：上海人民美术出版社，2007.

第十一章
TPO 形象管理

20世纪60年代，日本著名时装设计师石津谦介（Kensuke Ishizu）提出了着装的三大要素：T、P、O。这是三个英文单词第一个字母的缩写：Time、Place、Occasion，意思是时间、地点、场合。Time具体指时间、季节、时代；Place具体指地点、场所、职位；Occasion具体指场合、目的、对象。所谓TPO原则就是指选配和穿着服装时必须考虑时间、地点和场合这三个基本要素。目前TPO原则已经成为世界通行的着装基本原则。

在现代社会中，人们在生活中的角色逐渐多元化，需要应对多种多样的场合，那么相应在着装上也会根据不同的时间、地点及场合遵循约定俗成的着装礼仪，尊重他人也尊重自己，从而给人留下美好的印象。接下来，我们选择了几个大家经常会接触的场合来进行着装规范和人物形象管理的介绍。

第一节　面试

根据一项统计，美国企业界80%的主管不愿意录用穿着不得体的人。其实面试中的“形象歧视”是必然的，因为每个人都有视觉，都对好形象有一种天生的好感，都会不自觉地以貌取人。这里的“貌”并不简单等同于五官和身材，而是指一个人的整体形象、气质和仪态。在较短的面试时间里，让面试官了解面试者的经验和性格并不容易，但是面试者至少可以从外表上传递自信，展现一种工作态度，一种精神状态。着装能反映出面试者对这次面试所做的特殊努力，恰当的装扮，在面试官心目中可建立较佳的第一印象，从而会有助于增加录用的机会。

面试着装的总体原则是“隆重”，宁可过于隆重，也不要降低隆重感。具体来说，就是要了解你所面试的公司及你所面试的职位的着装规范，面试着装应该要比这个规范再高一级，再保守一些。面试着装应该整洁美观、稳重大方。干净应列在第一位，应去掉不必要的体毛，要检查头发、面容、指甲、服装、鞋等是否干净，体味、口气等是否清新。

在面试时，究竟该穿什么样的服装才得体呢？面试服装的选择应考虑企业所处行业、企业文化与工作性质。从行业角度，一般分为穿正统服装的行业、穿亲和服装的行业、穿个性服装的行业和统一制服的行业。

穿正统服装的行业包括政府机关、律师所、银行、证券公司、部分大型国企和外企等，服装应体现权威感、传统感、正式感和专业感。如果面试这类工作，男士应保持短发造型，不要留长发和胡须，头发应干净、清爽。在衣着上要选择深色两件套西装，最佳颜色是深蓝色和深灰色，精纺面料，最好不要有明显图案，西装裁剪一定要合身。衬衫最好选择白色或单一浅色（浅黄、浅蓝、浅灰色等）的长袖纯棉衬衫，也可以选择佩戴袖扣的衬衫。建议选择真丝单一颜色或带有条纹或细微织物花纹的领带。在配饰方面，深色西装应搭配黑色皮带、黑色皮鞋和深色棉袜，最好不要佩戴除眼镜、手表、婚戒以外的饰品。手表款式应选择经典款，稳重大方，切忌佩戴运动表和卡通表。建议携带公文包，把简历和证明文件平整地放入公文包里，可以体现较强的专业感。（图11-1、图11-2）

图11-1

图11-2

面试穿正统服装的行业时，女士应化淡妆，化妆可以使面色红润、五官清楚，增强自信心。化淡妆的要点为一面三点：打底上粉、修整眉形、修饰眼部、涂上唇膏。女士化妆是一种礼仪，既尊重面试官，又尊重自己。女士发型也应该干净利落，长发不宜随意披散，建议扎起来或盘起来。现在染发比较普遍，但面试时发色还是以自然色为佳，不要过于张扬。在服装的选择上，女士应该穿套装，在正规的场合应穿套裙。一套剪裁合体的套装会让面试者看起来干练而自信。颜色建议选择单一深色，如黑色、藏青色、灰色。深色通常会让面试官觉得面试者比较成熟、稳重、踏实。裙子以筒裙为主，裙子的长度应在膝盖上下5cm区间，最好及膝。套装的内搭可以选择浅色长袖衬衫或圆领衫，切忌过多蕾丝花边或者图案、造型复杂、夸张的服装。建议穿4~6cm黑色或棕色高跟船鞋，配肉色丝袜。鞋子在颜色和款式上应与套装相搭配，忌有过多装饰物或闪亮的鞋子。选择配饰的原则是大方无华，切忌佩戴较大、夸张或带有声响的首饰，可以选择精致手表、小型耳环、有小坠子的短项链或珍珠项链、别致胸针等，要画龙点睛，不能画蛇添足。另外，面试者不要用太浓的香水，不要涂颜色鲜艳的指甲油。（图 11–3、图 11–4）

图 11–3

图 11–4

穿亲和服装的行业包括保险、教育、房地产、销售业、中介、其他服务业等，服装应体现信赖感、亲和感和知识感。如果面试这类工作，可以不必穿着太保守，建议穿商务休闲装。如果面试穿统一制服的企业（例如交通、通信、部分工业和大型服务业），最好也穿商务休闲装。与前述穿正统服装的行业面试着装细节相比，男士可选择上下不成套的西装，或者穿衬衫配西裤。衬衫色彩可以更多样化，也可以选择条纹衬衫。领带可以选择更明亮的颜色，配以小巧徽章图案，或抽象图案，或几何图案。女士可以选择上下不同颜色的套装，或者衬衫配筒裙，或者无袖连衣裙加西服外套或非休闲深色针织开衫，还可以加上少量女性化的剪裁与装饰，可以选择柔和一些的色彩或者选择中性色配一些鲜艳色。女士可以佩戴简单时尚且体现自己风格的首饰；皮鞋可以露后跟但不能露脚趾；女士可以选择造型庄重的挎包，皮质最好略坚挺，可以放下A4纸（方便存放个人简历），色彩不宜过于鲜艳。（图 11–5、图 11–6）

图 11–5

图 11–6

穿个性服装的行业包括广告、艺术、时尚、写作、娱乐、信息业等，服装一般体现的是创造性、个人风格和时尚感。如果面试这类工作，面试者可以穿出个性和风采，但不要穿奇装异服，会显得过于独特。男士可以选择休闲西服或休闲衬衫、Polo 衫配以西裤或卡其布休闲裤。女士可以适当画稍浓一点的妆，服装可以选择任意款式，但不要穿牛仔裤、圆领 T 恤衫、无袖上装、超短裙、太紧身或透明或暴露的衣服。色彩上没有太多限制，但不要过于艳丽。配饰上可以展现自己的风格，但不要佩戴太大、走路发出声响的首饰。忌穿凉拖和运动鞋。

面试需要沟通，沟通的基础是第一印象，而第一印象主要是在双方接触最初的 7 秒钟由服饰产生的视觉冲击力形成的，所以服饰是沟通中很重要的开场白。西方有句俗语："You are what you wear！"（"你就是你所穿的！"）因此不要忽视面试中的仪容、仪表、仪态，在准备面试谈话内容的同时，也要认真准备面试着装，在面试中全方位展示自己的才能和品位。

第二节 休闲

随着全民生活水平的提高，人们越来越重视文化娱乐，越来越讲究休闲生活。现在各个服装品牌的休闲装基本都占半边天。由于正装在颜色和款式上有很多限制，所以休闲装往往最能体现个人的着装品位。那么在休闲场合中，我们应如何穿着才能既温馨舒适又时尚得体呢？

休闲场合一般包括旅游、度假、购物、约会、娱乐、家庭聚餐、家居等，是我们在日常工作、正式社交之外享受生活、放松心情的场地。如在登山时看到一些女士穿着高跟鞋，手拎晚宴小挎包；在旅游景点中看到西装革履的男士等，他们的着装给周围人传递了一种拘谨和压抑感。其实服装本身并没有错误，只是他们没有根据场合选择服装，这样就会造成人与环境的不和谐。休闲服包括休闲衬衫、牛仔裤、运动衫、毛衣、夹克、Polo 衫、T 恤衫、背心、家居服等，主要特点是柔软、舒适、鲜艳、个性化。与正规商务装要穿出庄重、专业、权威相比，男士休闲服则要穿出英俊、潇洒、阳刚，女士休闲服则要穿出青春、时尚和风格。休闲服的面料一般为棉、麻、毛等天然纤维，现在高科技的合成纤维面料也很受欢迎，建议选择柔软、吸汗、透气、不易起皱的面料。休闲服在颜色上没有任何限制，随处可见色彩斑斓、花色繁多的休闲服装。由于正装一般以深色为主，建议在休闲服上选择一些高明度、高纯度的颜色，给人以轻松、明快、富有活力的感觉。在款式上，男士可以选择舒适大方的卡其布休闲裤或牛仔裤配以毛衣、Polo 衫或 T 恤衫；女士休闲装款式繁多，目前比较流行中性化，以裤装为主。女士也可以通过柔和的色彩、弧形的剪裁、花边的设计体现女性柔美的一面。另外，休闲鞋包括平底鞋、坡跟鞋、登山鞋、运动鞋、凉鞋、拖鞋等，我们要根据出门的目的选择适合的鞋子。在首饰、皮包、手表等配饰上，可以摆脱正装低调的原则，选择夸张、流行、个性化的自己喜爱的配饰。（图 11-7、图 11-8）

图 11-7

图 11-8

图 11-9

图 11-10

图 11-11

图 11-12

选择休闲服装时，要先想想自己要去的地点和场合，最好做到人与衣服相和谐、衣服与环境相和谐。

第三节 宴会

中国的宴会一般包括政府招待会、公司年会、答谢酒会、颁奖典礼、婚宴、慈善晚宴、社交晚宴等，但宴会的层次有所不同，有些场合非常正式，有些次正式，也有些是非正式场合。应该根据 TPO 原则选择得体的礼服。除了约定俗成之外，宴会是正式、次正式或非正式一般会在邀请函上注明。下面具体介绍一下宴会场合的着装规范。

典型的正式宴会包括外交招待会、颁奖典礼、歌剧首演、慈善晚宴、重要社交和节日晚宴等。在正式宴会上，男士应身着“白领结（White-tie）”礼服——黑色燕尾服，上衣款式前身短，后身成燕尾形两片开衩，不系扣，搭配两侧饰有缎面条形装饰的黑色礼服裤（在美国一般是单侧，欧洲是双侧）；外套里面是短式棉制白色礼服背心，配白色的双翼领礼服衬衫和白色领结；胸前可以佩戴勋章、袋巾等；要选择黑色漆皮晚宴皮鞋，配以黑色丝质长袜。女士则选择西式舞会礼服或中式旗袍。西式舞会礼服以高贵优雅、雍容华贵为基本原则，闪亮的服饰是晚礼服的秘诀，强调性感、美艳、光彩夺目。舞会礼服应长至踝关节，有宽下摆；一般为露肩低领，让女人突出自己身体最骄傲的部分；颜色一般为黑色、白色、银色和金色；面料考究，有光泽度，一般由绸缎、皮草、丝绒等面料制成，采用蕾丝、珍珠、金属片或刺绣等装饰，让女人脸部散发出光芒。舞会礼服非常讲究品质感，因为好的品质可以烘托出女人的形象和品位，所以女士要选择精致的晚礼服，配以浓妆、闪亮的晚宴包、金属色的露趾高跟凉鞋、宝石类的珠宝、长手套和披肩等。（图 11-9、图 11-10）

次正式宴会一般包括婚礼、剧院首映、答谢酒会和公司年会等。男士应穿着“黑领结（Black-tie）”礼服，也称为塔士多（Tuxedo）礼服。塔士多礼服源于 1860 年为威尔士亲王（爱德华七世）设计的一件参加非正式晚宴时穿的无尾小礼服，后专用来参加晚上六点以后的次正式宴会。外套为无尾黑色缎面领片西装，配以带缎面条形装饰的黑色礼服裤和正式的白色衬衣（带胸衬，带口袋或是胸前有皱褶的皆可）；背心为短式低领的三粒扣黑色礼服背心；再用黑色领结、袖扣、领扣和黑色漆皮或晚宴皮鞋配以黑色丝质袜子共同构成整体装束效果。女士次正式的礼服称之为晚礼服，一般也是长款的。通常由高级的面料，如雪纺、丝绒、绸缎等制成。晚礼服不必有宽下摆，通常富有垂感。在配饰方面，晚礼服与正式的舞会礼服差异不大。（图 11-11、图 11-12）

非正式宴会包括商业招待会、鸡尾酒会、画廊开幕和一般社交宴会。在这类宴会中男士适宜穿着正式西装。一般选择单一深色两件套或三件套西装，颜色为黑色、深蓝色、深灰色或深褐色，面料有光泽的精纺天然纯羊毛、纯真丝纤维面料，西装裁剪一定要合身。最好选择可佩戴袖扣的法兰西双折袖口白色衬衫。可以根据场合选择保守或者体现个人品位的领带，袖扣则可以充分展示个人喜好。女士在非正式宴会上适宜穿着的小礼服，也称为鸡尾酒礼服。早期小型礼服主要用于鸡尾酒会，现在把非正式宴会穿的礼服统称为小礼服。小礼服体现妩媚和典雅，色彩明快单纯，可以选择白色、粉色、蓝色等，香奈儿小黑裙系列也很普遍，非常实用。标准小礼服的长度一般及膝，现在也有一些短款的小礼服非常精致可爱，配以丝绸或漆皮高跟鞋和简单大方的首饰，也是非常不错的选择。（图 11-13）

图 11-13

着装应与自己的身份、交往对象、交往目的、所处时间和场合相协调。TPO 形象管理的精髓就在于着装与环境的和谐，从而达到一种统一、美观的整体视觉效果。在西方，各种场合着装规范已经成为生活礼仪的重要部分。只有得体的穿着，才能体现出我们的修养和品位，才能让我们在工作和生活中更好地与他人相处。

练习题

1. 以到一家银行面试为背景，对男女面试着装进行整体形象设计。

2. 以野外郊游为背景，对男女着装做不同的服饰搭配设计。

3. 以在中国参加公司年会为背景，对男女着装分别进行形象设计。

参考文献

Peggy Post, Peter Post. The Etiqutte Advantage in Business. Harper Resource. 2005. second cdition

POSTSCRIPT 后记

本书是人物形象设计领域里的基础教材，是由多名从事人物形象设计实践和教学工作的专家、教授和骨干教师共同编撰而成。该书由吴培秀教授牵头搭建框架并撰写提纲。每一位参编作者根据提纲进行各章节的写作、修改，初稿完成后由吴培秀教授统稿。尽管我们已尽了最大努力，但由于成书仓促，缺点、错误在所难免，恳请业内专家不吝批评赐教，以便再版时修订完善。该书各章的具体执笔者是：

第一章、第三章：蒋寅曦

意大利米兰 NABA 美术学院硕士研究生，意大利 VertigineMagaZine 时尚摄影师、服装设计师。

第二章：韦欢芸

毕业于西南大学，设计学硕士研究生，现任重庆财经职业学院应用技术学院服装设计与工艺专业专任教师。

第四章、第五章：石苇

毕业于重庆师范大学服装学院，形象设计师。现任重庆传媒职业学院人物形象专业专任教师。

第六章、第七章：张一虹

毕业于重庆职工大学工民建专业建筑类高级工程师，高端服装定制设计师，壹合德品牌创始人服装有限公司董事长。

第八章：叶蕊婧

毕业于重庆师范大学服装学院，服装设计师。山间 / 有物设计工作室首席设计师。

第九章：伍红梅

非遗旗袍传承人，服装制版师，渝都服饰创始人，巴渝青年技能之星。

第十章、第十一章：吴红

中国琴会会员，重庆师范大学专业艺术教师。重庆市科普专家，重庆市音乐家协会古琴专业委员会副会长，重庆市沙坪坝区非物质文化遗产项目古琴艺术代表性传承人。

本书适合做人物形象设计专业教材、公共选修课教材，也适合人物形象设计工作者及自学者学习参考。